# Universo

# Colin Stuart

# Universo

## La inmensidad del cosmos en la palma de tu mano

Título original: *The Universe in Bite-Sized Chunks by Colin Stuart*
© Michael O'Mara Books Limited, 2018
© de la traducción del inglés, Diego Merino Sancho, 2020
© Ediciones Kōan, s.l., 2021
c/ Mar Tirrena, 5, 08912 Badalona
www.koanlibros.com • info@koanlibros.com
ISBN: 978-84-18223-17-4 • Depósito legal: B-7016-2021
Diseño de cubiertas de colección: Claudia Burbano de Lara
Ilustración de la cubierta: Luciano Iannuzzi
Maquetación: Cuqui Puig

Impresión y encuadernación: Romanyà Valls
Impreso en España / *Printed in Spain*



1ª edición, mayo de 2021

*Para mamá y papá.
Gracias por alentarme siempre
a alcanzar las estrellas*

# Índice

# Introducción

*He amado demasiado a las estrellas
como para temer a la noche.*

«El viejo astrónomo», poema de Sarah Williams (1868)

Desde que tengo memoria siempre he sentido una profunda fascinación por el cielo nocturno. Podría decirse que fue mi primer amor. De niños nos cuentan toda clase de historias maravillosas sobre duendes, brujas y dragones, pero a mí el universo siempre me ha parecido mucho más mágico y fascinante que cualquier cuento de hadas.

Generaciones y generaciones de astrónomos han ido despejando los misterios del cosmos y revelando sus más profundos secretos. Lo que han descubierto resulta prácticamente increíble: infinidad de planetas que danzan en torno a una inmensidad interminable de estrellas; una fuerza gravitatoria que retuerce y deforma el espacio hasta que el propio tiempo se detiene... Hemos sido capaces de descifrar todo el periplo por el que han atravesado los átomos en el viaje que los ha llevado desde el corazón de las estrellas hasta conformar nuestra piel y nuestros huesos. Hemos enviado máquinas a todos los planetas del sistema solar y hasta hemos dejado nuestras huellas sobre el polvo lunar.

La inconcebible magnitud de un universo así puede resultar intimidante. Me he pasado los últimos diez años de mi vida escribiendo y hablando sobre astronomía, pero su magnificencia me sigue haciendo sentir diminuto. Muchos no se animan a aprender más sobre esta disciplina porque dan por hecho que es una temática ardua y difícil, pero lo cierto es que no tiene por qué serlo. El objetivo de este libro es dividir la inmensidad del espacio en pequeños trozos fáciles de digerir y de entender. Aquí no encontrarás fórmulas matemáticas ni jerga especializada, sino únicamente explicaciones claras y sencillas de los aspectos más fascinantes del universo.

No he querido limitarme a reflejar lo que ya sabemos, sino que también he incluido cuestiones que siguen siendo un enigma para nosotros. Dar respuesta a un interrogante supone tener que plantearnos muchas otras cuestiones. Aún no entendemos de qué está hecha la mayor parte del universo o si compartimos el espacio con otras formas de vida. Los astrónomos todavía están tratando de dilucidar si nuestro universo es el único que existe, o cómo se originaron exactamente el espacio y el tiempo. Estos son algunos de los interrogantes más profundos y fundamentales que podemos plantearnos.

El libro está organizado en orden de distancia creciente de la Tierra: empezaremos con los primeros descubrimientos astronómicos, después nos adentraremos en el sistema solar, posteriormente en la galaxia y, más allá de esta, en el universo —o los universos—. Nuestro viaje abarcará 93.000 millones de años luz en el espacio y casi 14.000 millones de años en el tiempo. He puesto mucho cuidado a la hora de preparar nuestro itinerario, de modo que puedas tener todo el universo a tu alcance e ir descubriendo sobre la marcha los aspectos que más te interesan.

Acompáñame en este viaje por el cosmos. Espero de todo corazón que también tú te enamores del cielo nocturno.

# 1

# Los comienzos de la astronomía

## Medir el paso del tiempo

Mucho antes de que el cielo se convirtiese en un lugar repleto de planetas, galaxias y agujeros negros, este constituía el reino de dioses, augurios y presagios: un trueno podía ser una señal del descontento del Todopoderoso; un cometa atravesando el cielo suponía un siniestro presagio de fatalidad..., o al menos así es como lo interpretaban muchos de nuestros ancestros.

Pero de entre todas las cosas que representaba el cielo, su papel más importante era el de servir como calendario natural. En los eones anteriores a la aparición de los relojes, los ordenadores y los teléfonos móviles, nuestros antepasados se percataron de que el cielo obedecía a unos ciertos ritmos y patrones naturales. El Sol aparecía y desaparecía durante un período al que acabaron refiriéndose como *día*. Agruparon estos días de siete en siete para formar lo que conocemos como *semana*, y a cada día le pusieron el nombre de uno de los siete objetos celestes que, como pudieron comprobar, se comportan de manera diferente a las estrellas (ver página 33).

La apariencia de la Luna cambiaba con el tiempo: aumentaba y disminuía siguiendo ciertas fases que la hacían pasar de ser poco más que un tenue y delgado arco a convertirse en una deslumbrante luna llena, para luego empezar a decrecer de nuevo. Cada ciclo de este cambio de forma duraba casi treinta días, un período que denominaron *moonth*. La incesante transformación del lenguaje a lo largo del tiempo nos ha hecho perder una letra.[1]

El Sol también se atiene a un ciclo, pero en su caso es de una duración mucho mayor. Se levanta por el este cada mañana, alcanza el punto más elevado de su ascenso diario a mediodía y se pone por el oeste al atardecer. Sin embargo, la altura en relación al suelo que alcanza a mediodía no es siempre la misma. Si lo observamos durante muchos meses vemos que el Sol traza una especie de figura de ocho en el cielo que recibe el nombre de *analema*. En el tiempo que tarda en completar este ciclo, el Sol sale y se pone 365 veces. Los antiguos llamaron *año* a este ciclo, un período que estaba dividido en cuatro estaciones, cada una con sus propias particularidades climatológicas. Se dieron cuenta de que el invierno, la primavera, el verano y el otoño se repetían de forma regular a medida que el analema completaba uno de sus ciclos.

Hace unos 10.000 años empezamos a construir relojes gigantescos con los que poder seguir los ritmos naturales del cielo. En 2004, un equipo de arqueólogos descubrió en Escocia un antiguo yacimiento correspondiente a la Edad de Piedra, y unos años después, en 2013, averiguaron para qué se había construido. Los arquitectos de dicho empla-

---

1. El término inglés *moonth* deriva de *moon* («luna») y acabó dando lugar a *month* («mes»). *(N. del t.)*

En el transcurso de un año el Sol parece trazar una figura con forma de ocho en el cielo a la que los astrónomos denominan analema.

zamiento habían excavado doce fosos a lo largo de un arco de cincuenta metros de largo, uno para cada uno de los doce ciclos lunares completos que, por lo general, conforman un año (ocasionalmente puede haber trece lunas llenas en un año, cuando la primera cae a principios de enero). Cinco mil años después, unos canteros empezaron a construir el portentoso círculo de Stonehenge que podemos contemplar en la llanura de Salisbury, en Inglaterra. Si nos colocamos dentro del círculo, podemos ver cómo el Sol aparece al amanecer justo sobre una piedra en particular

—la Piedra del Talón— el día que alcanza el punto más elevado del analema (es decir, en el solsticio de verano).

Hoy en día, inmersos en la agitada vida de la era digital, en general hemos dejado de prestar atención a los ritmos naturales del cielo. Sin embargo, estos patrones eran la única forma de la que disponían las civilizaciones antiguas para medir el tiempo. Sus elaborados y profundos estudios sobre el movimiento del Sol y las estrellas constituyen la base sobre la que se asienta el modo en el que organizamos nuestra vida actualmente.

## Descubriendo la forma de la Tierra

Si alguien te dice que las mejores mentes de la Edad Media pensaban que el mundo era plano, no le creas. Hace más de dos mil años que sabemos que no lo es. El hombre al que debemos agradecer este conocimiento es el matemático griego Eratóstenes, y lo descubrió sin salir de Egipto.

Eratóstenes se percató de que en la ciudad egipcia de Siena (la actual Asuán) la luz del Sol caía directamente en vertical en el mediodía del solsticio de verano. Su genialidad estuvo en realizar una medición del Sol exactamente en el mismo momento del siguiente solsticio de verano, pero en esta ocasión en la ciudad de Alejandría, a unos 800 kilómetros de distancia. Colocando una estaca en el suelo y observando su sombra, pudo comprobar que el Sol no incidía justo desde arriba, sino con un ángulo de 7 grados. La razón de esta diferencia es que la superficie de la Tierra es curva, lo que se traduce en que la luz del Sol incide con un ángulo distinto en cada una de estas dos ciudades.

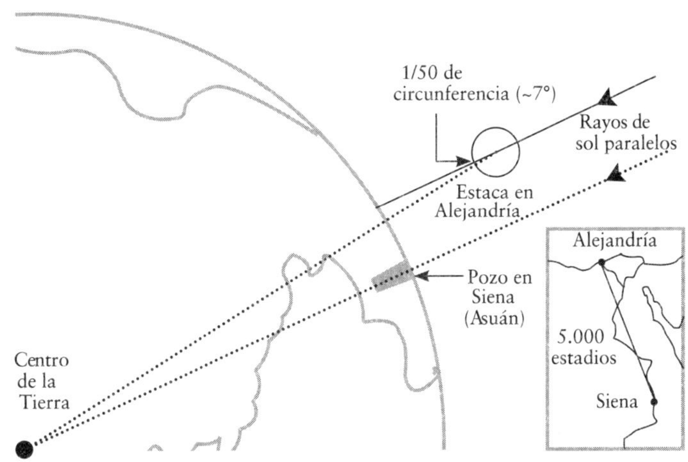


Eratóstenes calculó el tamaño de la Tierra observando el ángulo formado por las sombras en distintos puntos de Egipto.

Pero Eratóstenes no se detuvo ahí. Sabiendo que una distancia de 800 kilómetros equivale a una diferencia de 7 grados, utilizó dicha proporción para inferir la distancia correspondiente a los 360 grados de la circunferencia completa. Eso nos da un valor para el perímetro de la Tierra de un poco más de 41.000 kilómetros (en realidad, realizó sus cálculos usando una antigua unidad de medida llamada *estadio*, por lo que su respuesta real fue que el perímetro de la Tierra medía aproximadamente 250.000 estadios). El resultado al que llegó tan solo difiere en un 10-15 % de la cifra que hoy aceptamos como válida para el tamaño de la Tierra. Así es que los antiguos griegos no solo sabían que la Tierra era redonda, sino que además tenían una idea bastante exacta de lo grande que era.

Eratóstenes fue uno de los primeros polimatemáticos. Además de sus trabajos sobre la circunferencia de la Tierra, también realizó importantes contribuciones en los campos de la geografía, la música, las matemáticas y la poesía. Era tan respetado en su tiempo que fue nombrado bibliotecario jefe de la famosa biblioteca de Alejandría. Tiempo después este edificio fue pasto de las llamas, pero en su apogeo fue uno de los mayores depósitos del conocimiento antiguo del mundo.

Al tener acceso a gran cantidad de mapas y pergaminos importantes, pudo elaborar un atlas del mundo y lo dividió en distintas zonas según el clima. Fue el primero en dibujar cuadrículas y líneas meridionales y recopiló las coordenadas de más de cuatrocientas ciudades. Gracias a este trabajo se le considera ampliamente como el padre de la geografía.

Quizá su segundo mayor logro fue inventar la criba de Eratóstenes, una forma de identificar números primos filtrando todos aquellos números cuyo comportamiento repetitivo implica que no pueden ser primos (un número primo solo se puede dividir por 1 y por sí mismo).

En reconocimiento a sus importantes contribuciones, hoy en día un cráter de la Luna lleva su nombre.

Es posible que los humanos ya supiesen cuál era la forma de la Tierra —y tal vez también su tamaño— incluso antes de la época de Eratóstenes. Cuando se produce un eclipse lunar parcial (ver página 24), la sombra de la Tierra que se proyecta sobre la superficie de la Luna es claramente curva. En este sentido, se ha especulado con la posibilidad de que un libro chino llamado *Zhou-Shu* mencione un eclipse lunar que tuvo lugar en el siglo XII a.C. Por otro lado, no hay duda de que la obra teatral griega *Las nubes*, de Aristófanes, deja constancia de un eclipse lunar ocurrido en el 421 a.C. Si cualquiera de estas civilizaciones entendió que lo que estaban presenciando era causado porque la Tierra impedía que la luz solar llegase a la Luna, entonces a buen seguro se darían cuenta de que la Tierra no era plana. Y son precisamente los eclipses lo que veremos a continuación.

## Eclipses solares

Un eclipse no es más que un fenómeno en el que un objeto celeste que normalmente es visible queda oculto por la interposición de otro. Hay dos tipos principales de eclipses, los solares y los lunares. Durante un eclipse solar, la Luna oculta al Sol, mientras que durante un eclipse lunar es la Tierra la que impide que la mayor parte de la luz solar llegue a la Luna.

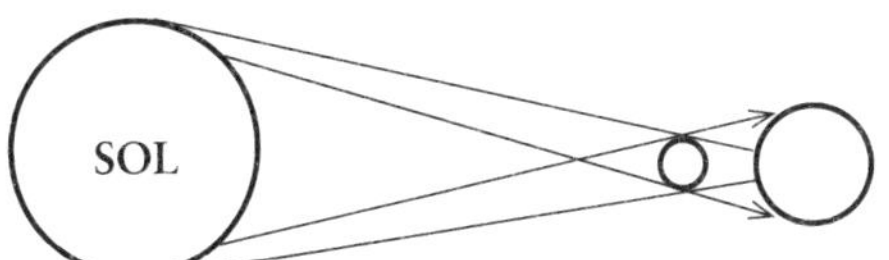


Vemos un eclipse solar cuando la Luna
se interpone entre nosotros y el Sol.

Durante miles de años los seres humanos hemos sido testigo de eclipses, sobre todo de los de tipo solar, y nos hemos maravillado y sobrecogido ante estos fenómenos. Se dice que durante el reinado del rey chino Zhong Kang, hace unos 4.000 años, el monarca hizo cortar la cabeza de los dos astrónomos de la corte después de que estos no fuesen capaces de predecir un eclipse solar. Antes de que comprendiésemos a qué se debían los eclipses solares, era muy común considerarlos un mal augurio: se creía que era la forma en que los dioses mostraban su descontento por los pecados de la humanidad.

Los eclipses solares más espectaculares son los totales, aquellos en los que la Luna oculta por completo el disco solar. No son fenómenos demasiado frecuentes en ningún lugar de la Tierra; aproximadamente cada 18 meses se produce un eclipse solar total en algún punto del planeta. La Luna cruza rápidamente por el cielo, lo que significa que el espectáculo nunca puede durar más de 7 minutos y 32 segundos. Posiblemente la parte más hermosa de un eclipse solar sean las *perlas de Baily*, que reciben su nombre de un astrónomo inglés del siglo XIX. Justo antes y justo después del momento en el que se alcanza la fase de totalidad, los últimos y los primeros rayos de la luz solar que consiguen llegar hasta nosotros lo hacen filtrándose a través de los cráteres presentes en la superficie lunar, lo que origina un sorprendente efecto que recuerda a un anillo de diamantes.

Durante la fase de totalidad, el cielo se oscurece sensiblemente y la temperatura desciende. Las aves que hasta ese momento cantaban alegremente se quedan en silencio, confundidas por la repentina desaparición del Sol en pleno día. Pero los eclipses no son solo una magnífica oportunidad para que los observadores aficionados del cielo se maravillen con uno de los mejores espectáculos de la naturaleza, sino que también suponen una inestimable oportunidad para que los astrónomos aprendan más sobre el cosmos. Como veremos, algunos de los avances más importantes que se han producido en nuestra comprensión del universo están basados en la observación de eclipses solares totales (ver página 69).

El efecto similar a un anillo de diamantes conocido como perlas de Baily.

Sin embargo, no todos los eclipses solares son totales. A menudo la Luna solo cubre una cierta parte del disco solar. Durante estos eclipses solares parciales parece como si al Sol le hubiesen dado un gran mordisco. La distancia de la Luna a la Tierra no es constante, sino que varía ligeramente con el tiempo, por lo que a veces se encuentra demasiado alejada de nosotros y su disco es demasiado pequeño como para bloquear al Sol por completo. A este tipo de eclipses los llamamos *anulares*, término derivado del latín *annulus*, que significa «pequeño anillo».

Hay que destacar que vivimos en un momento excepcionalmente bueno para la observación de los eclipses solares, pues hace millones de años la Luna estaba mucho más cerca de la Tierra (ver página 111), de modo que habría podido tapar el Sol por completo con cierta frecuencia pero sin producir el gran espectáculo de las perlas de Baily. En el futuro, a medida que la Luna se vaya alejando aún más de nosotros, llegará un momento en el que será demasiado pequeña como para ofrecernos eclipses solares totales, así que nuestros descendientes lejanos tendrán que conformarse con eclipses parciales y anulares.

## Eclipses lunares

Si vemos la Luna es únicamente porque refleja la luz del Sol, pero durante un eclipse lunar total la Tierra bloquea toda la luz que la Luna recibe directamente del Sol. Dicho de otro modo, la Luna se adentra en la sombra (*umbra*) de la Tierra. Cuando solo atraviesa parte de la sombra terrestre se produce un eclipse lunar parcial o *penumbral*.

Si bien durante la fase de totalidad la luz solar directa no llega a la Luna, parte de la luz indirecta proveniente del Sol sigue alcanzando la superficie lunar. Esto ocurre porque la atmósfera terrestre refracta (curva) una pequeña cantidad de la luz solar que incide en la superficie de nuestro planeta. La luz blanca es en realidad una mezcla de los siete colores del arco íris (ver página 50) y nuestra atmósfera hace que la luz roja se curve hacia la Luna (el resto de los colores se dispersan en el espacio). Por eso, durante un eclipse lunar total, la Luna va adoptando diversos tonos cobrizos, anaranjados o rojizos. Las cenizas volcánicas que se desplazan por el aire intensifican este efecto y hacen que adquiera una tonalidad rojo sangre más intensa. Si no fuese por la atmósfera de la Tierra, nos parecería que la luna llena desaparece por completo del cielo temporalmente.

A diferencia de los eclipses solares, que son relativamente raros y de corta duración, los eclipses lunares son razonablemente frecuentes y duran más. Es mucho más fácil que un objeto grande como la Tierra bloquee la luz de forma que no alcance a un objeto pequeño como la Luna, que no que la Luna oculte un objeto enorme como el Sol. En un eclipse lunar la fase de totalidad puede llegar a durar hasta 100 minutos y verse desde casi todos los lugares del lado nocturno de la Tierra.

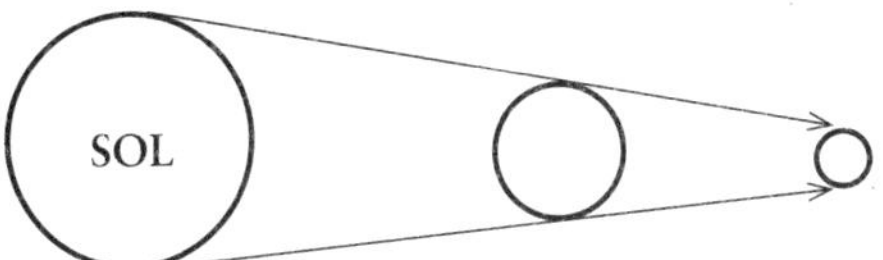


Los eclipses lunares se producen cuando la Luna desaparece en la sombra producida por la Tierra.

Los humanos llevamos milenios presenciando eclipses lunares. Existen unas antiguas tablas de arcilla sumerias datadas en el 2094 a. C. que recogen un eclipse lunar junto con predicciones de muerte inminente (los eclipses y las supersticiones solían ir de la mano). El eclipse lunar más famoso se produjo en 1504, justo después de que Cristóbal Colón descubriese el Nuevo Mundo. El explorador italiano y su tripulación se refugiaron en Jamaica cuando se vieron obligados a atracar para reparar su flota, ya que los gusanos estaban devorando los cascos de madera.

Al principio los lugareños se mostraron complacientes, pero los visitantes empezaron a abusar de la hospitalidad de los nativos y a arrasar con todas sus provisiones. Seis meses después, el jefe local dejó de enviarles suministros. Desesperado, Colón ideó un plan rápidamente. En aquella época todos los barcos llevaban almanaques, catálogos de las posiciones de las estrellas y de ciertos eventos astronómicos que facilitaban la navegación. Gracias a ellos pudo constatar que se iba a producir un eclipse lunar el 29 de febrero. En un golpe de pura astucia, Colón le dijo al jefe indio que podía comunicarse con Dios y que su cólera celestial por el modo en que estaban tratando al explorador se manifestaría tiñendo la Luna de rojo sangre. Después de que, efectivamente, se produjese el eclipse a la noche siguiente, de pronto los lugareños comenzaron a mostrarse más dispuestos y cooperativos.

Según una crónica escrita por el hijo de Colón: «[...] con grandes gritos y lamentos comenzaron a correr en todas direcciones cargando los barcos con provisiones y rogando al Almirante que intercediera con su dios en su favor». Ese es el poder de saber cómo funciona realmente el universo y el peligro que entrañan las supersticiones.

## Las constelaciones

Junto con la Luna, el cielo nocturno está dominado por las estrellas. En una noche despejada se pueden contemplar millares de ellas a simple vista y durante milenios muchas civilizaciones han elaborado de forma independiente gigantescos «juegos de unir los puntos», asociándolas en su imaginación para formar agrupaciones conocidas como *constelaciones*. Estos patrones suelen ser completamente arbitrarios y a menudo lo único que tienen en común las estrellas que constituyen cada constelación es que parecen estar unas cerca de otras en nuestro cielo. Además, la mayoría no reflejan ni por asomo representaciones realistas. Tomemos como ejemplo la constelación conocida como Canis Minor («perro pequeño»). Está compuesta de dos únicas estrellas unidas por una línea, por lo que difícilmente puede parecerse a un perro. ¡Ni tan siquiera tiene patas!

Xilografía realizada por Alberto Durero en 1515
en la que se representan las constelaciones del hemisferio norte.

Esto se debe a que trataron de trasladar a las estrellas historias y relatos que ya existían previamente. Usaban el cielo nocturno como un gigantesco libro ilustrado con el que contar historias de príncipes heroicos, mujeres jóvenes en apuros, reyes vanidosos y dragones mágicos. Antes de la aparición de la palabra impresa, estas historias ya formaban parte de una rica tradición de narración oral y las estrellas ofrecían una forma de recordarlas más fácilmente. Pero, lo que era aún más importante, suponían un modo de transmitir información vital de generación en generación.

Nuestros más lejanos antepasados se dieron cuenta de que, al igual que las condiciones climatológicas, algunas constelaciones también aparecían y desaparecían en función de las estaciones. La famosa constelación de Orión domina el cielo del hemisferio norte en invierno, pero se oculta cuando el tiempo mejora. Haciendo un seguimiento de estas señales astronómicas, nuestros predecesores podían saber cuál era el mejor momento para plantar o para cosechar. Lo cierto es que el conocimiento astronómico era como un colosal libro de texto agrícola que se iba pasando de padres a hijos por medio del relato de historias sobre las estrellas. Las constelaciones hacían que toda esa información fuese mucho más fácil de recordar.

En la actualidad los astrónomos profesionales reconocen oficialmente 88 constelaciones que abarcan ambos hemisferios. Las del hemisferio norte son en gran medida el legado de los mitos y leyendas que heredamos de los antiguos griegos y romanos. Entre otros ejemplos, están el famoso caballo alado Pegaso y su jinete Perseo. En cambio, las constelaciones del hemisferio sur fueron concebidas principalmente por los primeros exploradores europeos con el fin de cartografiar sus aún inexploradas aguas, por lo que presentan un cariz más práctico y algo menos imaginativo: abundan los microscopios, los telescopios, los equipos náuticos, las embarcaciones, los peces y las aves marinas.

Todas las civilizaciones, desde los aborígenes australianos hasta los chinos, los inuit de Alaska o los incas, han contado con sus propias constelaciones, pero la erupción de la revolución científica en Europa conllevó la adopción de las constelaciones grecorromanas como el estándar mundial oficial. Desde entonces se han modificado y retocado muchas veces a lo largo de los siglos, pero en 1922 la Unión Astronómica Internacional (UAI, o también IAU por sus siglas en inglés) determinó su configuración definitiva de una vez y para siempre.

Hoy en día, si bien ya hemos dejado de interpretarlas como si fuesen características reales del universo, siguen siendo una forma útil de dividir el cielo nocturno. Si hubieses nacido en un planeta que no orbitase alrededor del Sol, sino en torno a alguna de las estrellas que podemos ver en el cielo nocturno, seguirías viendo en su mayor parte las mismas estrellas, solo que desde un ángulo totalmente diferente. Al aparecer en distintas posiciones relativas unas respecto de otras, lo más probable es que tus antepasados hubiesen trazado entre ellas formas completamente distintas a las nuestras.

## El Zodíaco y la eclíptica

Las estrellas siguen estando ahí arriba durante el día, simplemente no podemos verlas porque el Sol eclipsa su tenue luz. Es como tratar de apreciar la luz de una vela situada al lado de los potentes reflectores de un estadio de 80.000 localidades. No obstante, podemos decir que el Sol «reside» en una constelación particular, incluso aunque en ese momento no podamos ver las estrellas individuales que la componen.

Si lo comparamos con el fondo de las estrellas, el Sol parece moverse cada día algo menos de un grado a través de la cúpula celeste. En un año completa un circuito de

360 grados. Esta trayectoria que recorre a través del cielo se conoce con el nombre de *eclíptica*, y nuestros antepasados fueron conscientes de este movimiento. Ya en el primer milenio a.C. los babilonios dividieron la eclíptica en doce constelaciones, una para cada uno de los doce ciclos lunares de los que se compone un año normal. Incluso si no sabes mucho de astronomía, es probable que hayas oído hablar de la versión moderna de estas constelaciones: Aries, Tauro, Géminis, Leo, Cáncer, Virgo, Libra, Escorpio, Sagitario, Capricornio, Acuario y Piscis. Estas son las doce constelaciones del Zodíaco, que significa «círculo de pequeños animales».

En la antigüedad, el cielo nocturno estaba íntimamente relacionado con el misticismo y las supersticiones. Era bastante común creer que los fenómenos que tenían lugar en los cielos afectaban a lo que ocurría en la tierra. Este es el origen de la astrología, la idea de que los movimientos y las posiciones de los objetos celestes influyen en la vida de los seres humanos, y en particular que la constelación en la que reside el Sol el día de nuestro nacimiento tiene una cierta influencia en cómo se desarrolla el resto de nuestra vida. Sin embargo, la comprensión astronómica moderna nos permite afirmar que no existe ninguna evidencia de que sea así. Las estrellas no son más que gigantescas bolas de gas muy caliente que se encuentran a una enorme distancia de nosotros. La probabilidad de que su posición el día en que nacimos influya en nuestra vida o en nuestra personalidad es la misma que la que pudieran tener, por ejemplo, la posición concreta de un jarrón en la sala de partos en la que nacimos o la orientación del coche de nuestro padre —hacia el norte o hacia el sur—, en el parking del hospital.

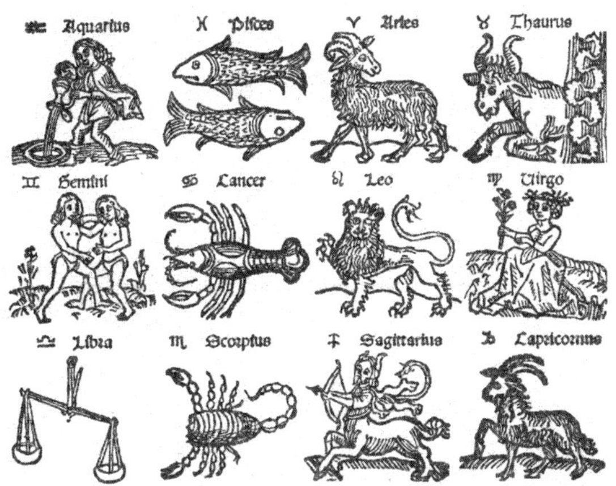


Xilografía del siglo XVI que muestra las doce constelaciones
del Zodíaco que trazan el camino que el Sol recorre
anualmente a través del cielo.

Sin embargo, el Zodíaco y la eclíptica jugaron un papel importante a la hora de dejar atrás esta interpretación basada en la superstición y adoptar otra más científica. Como veremos a continuación, el hecho de observar el movimiento de los objetos que se encuentran próximos al plano de la eclíptica resultó crucial para revolucionar nuestra comprensión del lugar que ocupamos en el universo y desechar viejas ideas carentes de fundamento.

## Estrellas errantes

Los antiguos distinguían tres tipos de estrellas. Las estrellas *fijas* eran aquellas que permanecían invariables y pulcramente enclavadas en una misma posición en su constelación correspondiente. De manera ocasional aparecía alguna que otra estrella *fugaz* que cruzaba el cielo y dejaba a su paso un breve destello momentáneo (ver página 103). Y por último estaban las estrellas *errantes*, un pequeño grupo de tan solo cinco estrellas rebeldes que, desafiando las reglas habituales, se iban desplazando por las inmediaciones de la eclíptica: entraban en una constelación del Zodíaco y, al cabo de un tiempo, partían hacia otra. En griego, estrella errante se dice *asteres planetai*, término del que deriva el nombre moderno con el que nos referimos a estos astros: los *planetas*.

En Europa, estos inadaptados recibieron los nombres de Mercurio, Venus, Marte, Júpiter y Saturno en honor a los miembros del panteón de los dioses romanos. Junto con la Luna y el Sol, forman el grupo de los siete objetos celestes que parecen contravenir la tendencia general y se desplazan a través de las constelaciones. Nuestros ancestros les pusieron sus nombres a los siete días de la semana (ver tabla de la página 33). El hecho de que civilizaciones distantes y sin ningún contacto entre sí adoptasen todas ellas de forma independiente una semana de siete días sugiere que lo hicieron basándose en estos siete objetos que se desplazaban cerca del plano de la eclíptica. Al fin y al cabo, el resto de los períodos de tiempo que usamos habitualmente también se derivan de acontecimientos celestes.

Los planetas Urano y Neptuno también se desplazan a lo largo de la eclíptica, pero los antiguos no tenían conocimiento de ellos porque se encuentran demasiado lejos del Sol y, por tanto, su luz es demasiado débil como para poder verlos sin la ayuda de un telescopio. Resulta interesante pensar que si en nuestro proceso evolutivo los humanos hubiésemos desarrollado ojos más grandes y, por ende, pudiésemos apreciar a simple vista Urano y Neptuno, probablemente viviríamos en un mundo con una semana de nueve días.

| Objeto celeste | Español | Inglés | Francés |
| --- | --- | --- | --- |
| Luna | lunes | Monday | lundi |
| Marte | martes | Tuesday* | mardi |
| Mercurio | miércoles | Wednesday* | mercredi |
| Júpiter | jueves | Thursday* | jeudi |
| Venus | viernes | Friday* | vendredi |
| Saturno | sábado | Saturday | samedi |
| Sol | domingo | Sunday | dimanche |

* Los términos ingleses con los que se denominan estos días derivan de nombres de dioses de la mitología nórdico-anglosajona, por lo que no coinciden con los nombres romanos de los planetas.

Si observáramos la posición de los planetas durante sucesivos meses y años, notaríamos que parecen comportarse de un modo extraño. Primero se mueven en una dirección a lo largo de la eclíptica, después se detienen, cambian de sentido y regresan por el mismo camino por el que vinieron. Este fenómeno se conoce como *movimiento retrógrado* o *retrogradación*. Todo aquel que afirmase comprender el funcionamiento interno del cielo tendría que ser capaz de explicar este inusual comportamiento.

## Ptolomeo y el modelo geocéntrico

Las civilizaciones pasadas, y en especial la antigua Grecia, intentaron unificar todos los conocimientos que tenían sobre el cielo para crear un modelo que explicase el funcionamiento del universo. Sabían que la Tierra era esférica y que el Sol y las estrellas parecían girar por la cúpula celeste una vez al día. Su experiencia cotidiana les decía que la Tierra no se movía —ciertamente no parece que lo haga en absoluto—, por lo que es natural que llegasen a la conclusión de que vivimos en una Tierra estacionaria alrededor de la cual giran el Sol, la Luna, los planetas y las estrellas. Esta idea de una Tierra central recibe el nombre de *modelo geocéntrico*.

Los primeros astrónomos creían en un universo geocéntrico en el que el Sol orbita la Tierra, como se muestra en esta ilustración de 1687.

Y tenía mucho sentido. No solo encajaba con lo que observaban en el cielo, sino que también se ajustaba muy bien a las ideas religiosas que promulgaban que la Tierra era el centro de la creación. La mayoría de los modelos de esta época mostraban una Tierra central rodeada por una serie de ruedas o circunferencias en las que estaban enclavados el Sol, la Luna, los planetas y las estrellas. Por supuesto, dado que la Luna es el objeto celeste que más rápido se mueve a través del cielo, la situaron en la rueda más interna. Después venían Mercurio, Venus, el Sol, Marte, Júpiter y Saturno. Más allá de Saturno se encontraba la esfera perteneciente a las estrellas que permanecen fijas en sus constelaciones.

Pero este modelo presentaba un problema importante: no era capaz de aportar una explicación sencilla al movimiento retrógrado de los planetas. ¿A qué se debía que algunas ruedas dejasen de girar repentinamente y luego empezasen a rotar en sentido contrario? El matemático griego Claudio Ptolomeo ideó una solución que acabó dando lugar a lo que se conoce como el *modelo ptolemaico*. Según él, los planetas se mueven en pequeños círculos llamados *epiciclos*, los cuales giran a su vez alrededor de la Tierra siguiendo un círculo o rueda mayor llamado *deferente* (ver imagen). Cuando el movimiento del planeta a lo largo del epiciclo coincide con la dirección de la deferente vemos que el planeta se desplaza en un sentido a lo largo de la eclíptica. Por el contrario, el planeta parece cambiar de dirección cuando el epiciclo gira en dirección contraria a la deferente. Ciertamente, se trataba de una solución ingeniosa y tan precisa a la hora de explicar los movimientos celestes que durante mil años se aceptó como una verdad incuestionable.

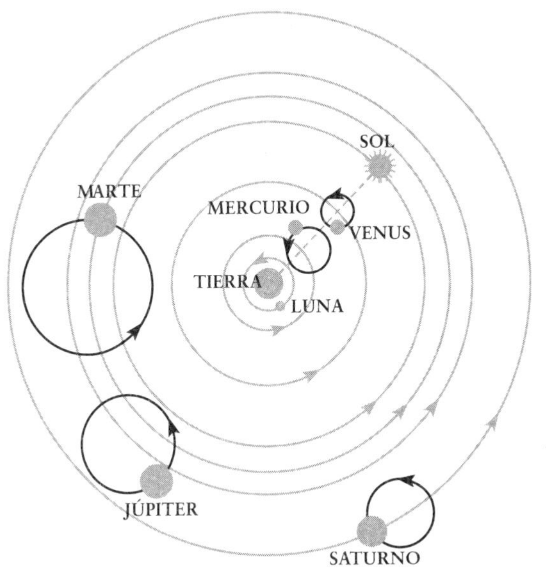



Ptolomeo inventó las deferentes y los epiciclos para explicar
el movimiento retrógrado de los planetas.

## CLAUDIO PTOLOMEO (c. 100 - c. 170 d. C.)

Teniendo en cuenta que se trata de alguien que durante más de mil años tuvo una enorme influencia en el pensamiento astronómico, llama la atención lo poco que sabemos de Ptolomeo. Solo sus trabajos han perdurado. Vivió en Alejandría, por aquel entonces parte del Imperio romano y ahora parte de Egipto.

En su obra *La hipótesis de los planetas* expuso su sistema de epiciclos y también intentó calcular el tamaño del universo. Ptolomeo pensaba que la distancia al Sol equivalía a 605 veces el diámetro de la Tierra (la cifra real es de unas 12.000 veces). También creía que la distancia a las estrellas era 10.000 veces el diámetro de la Tierra (la cifra real es de más de 3.000 millones de veces). En el *Almagesto*, su otro famoso trabajo de astronomía, enumera 48 constelaciones —lo cual contrasta con las 88 actuales—, muchas de las cuales aún se siguen utilizando en la actualidad.

Era además un apasionado astrólogo, si bien algunas fuentes atestiguan que no perdió de vista que las circunstancias de la vida de cada individuo afectan igualmente a su comportamiento y su personalidad. También escribió obras sobre música, óptica y geografía. Al igual que ocurre en el caso de Eratóstenes, un cráter de la Luna lleva su nombre.

# Copérnico y el heliocentrismo

En el siglo XVI el modelo ptolemaico había arraigado tanto en la cultura occidental que cuestionarlo podía suponer jugarse literalmente la vida. Desde los días de la antigua

Grecia el cristianismo se había extendido por toda Europa, y una de sus enseñanzas principales era que Dios creó el universo en siete días. En base a esa doctrina, parecía natural que la Tierra fuese el centro de la creación. Al fin y al cabo, ¿por qué tendría el Creador que complicarse innecesariamente en lugar de limitarse a colocar su obra en el centro de la acción? Sostener lo contrario se consideraba un acto de herejía. Por su parte, los eruditos musulmanes del Medio Oriente no se ceñían de un modo tan estricto a ese dogma y ya en el año 1050 empezaron a detectar fallos e inconsistencias en el modelo geocéntrico de Ptolomeo.

En la Europa del siglo XVI, un matemático polaco llamado Nicolás Copérnico se dio cuenta de que no es necesario recurrir a epiciclos y deferentes para explicar el movimiento retrógrado de los planetas. Lo único que había que hacer era ubicar al Sol en el centro y considerar a la Tierra como uno de los planetas que orbitaban en torno a él. Se trataba de un *modelo heliocéntrico* del universo.

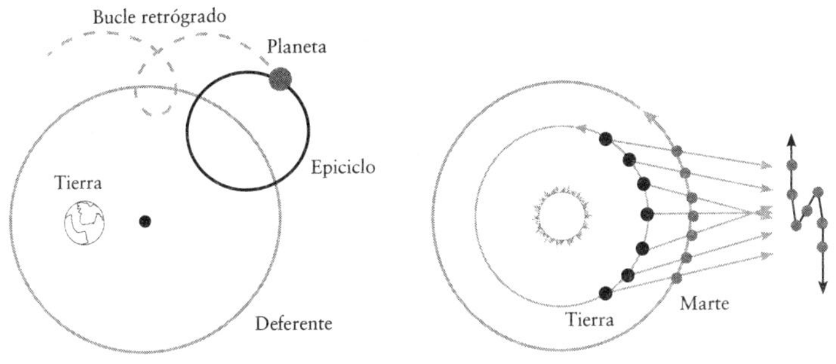


Explicación del movimiento retrógrado según los modelos ptolemaico y copernicano.

De este modo, el aparente movimiento retrógrado de Marte sería simplemente una consecuencia de que nosotros «adelantamos» a ese planeta en nuestro recorrido alrededor del Sol. Al desplazarnos hacia Marte veríamos que parece moverse en una dirección, pero una vez que hubiésemos sobrepasado al planeta, este parecería alejarse de nosotros en nuestro avance. En las primeras décadas del siglo XVI, Copérnico empezó a plasmar sus ideas por escrito y a repartir copias en secreto entre amigos de confianza. Para 1532 ya estaba plenamente convencido de que tenía razón, pero se resistió a hacer público su trabajo por temor a la censura. Se dice (aunque no está del todo claro que sea cierto) que Copérnico vio por primera vez una copia de su libro terminado cuando ya se encontraba en su lecho de muerte. Según esta historia, una vez que estuvo seguro de que sus ideas finalmente se publicarían, murió en paz en 1543. Ese trabajo, *De revolutionibus orbium coelestium* («Sobre el giro de las esferas celestes»), es posiblemente uno de los libros más importantes que jamás se hayan escrito.

Causó una crisis teológica. A fines del siglo XVI, el fraile italiano Giordano Bruno había recogido el testigo intelectual de Copérnico y no solo afirmaba que la Tierra orbitaba en torno al Sol, sino que además sostenía que las estrellas no eran más que versiones distantes del Sol con planetas y posiblemente vida propia. En 1600 fue quemado en la hoguera acusado de herejía. Según algunos cronistas de la época, sus puntos de vista astronómicos no eran más que uno de sus muchos «crímenes de pensamiento».

El debate carecía de la evidencia necesaria para poder probar de una vez por todas si vivimos en un universo geocéntrico o en uno heliocéntrico, pero un astrónomo danés estaba haciendo todo lo posible para encontrarla y, en su búsqueda, acabó proponiendo un híbrido de ambos modelos.

## Tycho Brahe

El astrónomo danés Tycho Brahe encaja a la perfección con la definición de *excéntrico* que nos ofrece el diccionario. Durante gran parte de su vida adulta lució una nariz de latón, ya que con veinte años un mandoble le rebanó la punta de la nariz en un duelo a espada en el que participó por defender su postura respecto a un asunto matemático. Algunos historiadores creen que William Shakespeare basó su personaje de Hamlet en la figura de Brahe —ciertamente, los nombres de los personajes Rosencrantz y Guildenstern coinciden con los de los primos de Brahe—. Incluso es posible que *Hamlet* en su conjunto sea una elaborada alegoría de la disputa sostenida entre los modelos geocéntrico y heliocéntrico del universo, en cuyo caso el personaje de Claudio podría llamarse así en virtud del propio Claudio Ptolomeo.

Lo que sí sabemos a ciencia cierta es que la verdadera pasión de Brahe era la astronomía y que era excepcionalmente bueno en esta disciplina. Realizó mediciones de los cielos mucho más precisas que cualquier otro astrónomo que le hubiese precedido. El rey danés le cedió la pequeña isla de Ven (que actualmente forma parte de Suecia) junto con fondos para construir allí un observatorio astronómico gigante. Brahe lo llamó Uraniborg, que significa «el Castillo de Urania», hija de Zeus y musa de la astronomía.

La agenda social que se desarrollaba en el Uraniborg era casi tan notable como las observaciones astronómicas que en él se realizaban. Brahe tenía a su servicio a un bufón enano llamado Jepp, quien solía esconderse debajo de las mesas y aparecía de un brinco para sorpresa de los invitados. También tenía un alce domesticado que vagaba a sus anchas por el lugar y que tuvo un final desafortunado cuando bebió de una tinaja de cerveza que estaba abierta y, borracho, cayó rodando por las escaleras. El fallecimiento del propio Brahe también se produciría de un modo lamentable. En 1601 asistió a un lujoso banquete que se celebraba en Praga y, a pesar de haber consumido una gran cantidad de alcohol, se negó a abandonar la mesa para ir al baño. Murió once días después a causa de una uremia, trastorno producido cuando hay una excesiva acumulación de urea en la sangre. Le había reventado la vejiga.

Antes de su prematuro final a la edad de cincuenta y cuatro años, Brahe había registrado cuidadosamente los movimientos de las estrellas y los planetas desde su observatorio de Uraniborg utilizando sextantes y cuadrantes, que son dispositivos mecánicos para medir los ángulos que forman los distintos objetos celestes. Sus observaciones, que en muchos casos llegaron a alcanzar una precisión de hasta 1/60 de grado, le llevaron a adoptar una postura de compromiso entre el geocentrismo y el heliocentrismo. Brahe era incapaz de creer que algo tan voluminoso como la Tierra pudiera estar en movimiento, por lo que según su sistema (conocido como *modelo tychónico*) el Sol y la Luna orbitaban alrededor de la Tierra mientras que los demás planetas giraban en torno al Sol. Al igual que los epiciclos de Ptolomeo, esto conseguía explicar el movimiento retrógrado de los planetas.

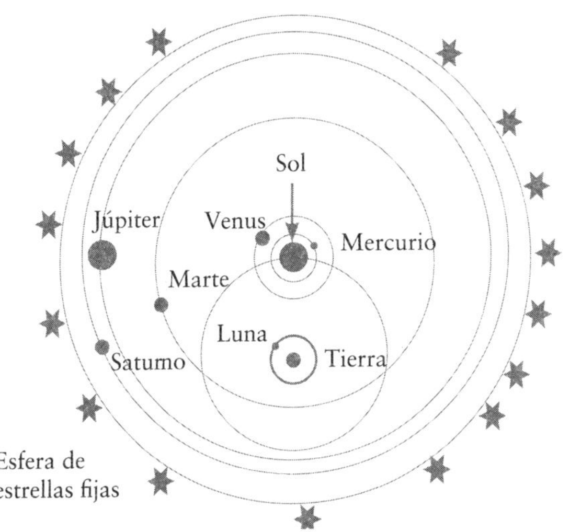


Brahe desarrolló un modelo híbrido en el que la Tierra sigue ocupando la posición central pero algunos planetas orbitan alrededor del Sol.

Al menos, sobre el papel. Sin embargo, seguía sin haber suficiente evidencia que permitiese decidir de manera categórica cuál de los tres modelos —el ptolemaico, el copernicano o el tychónico— describía con precisión el universo en el que vivimos. Y entonces un fabricante de gafas holandés descubrió de manera fortuita algo que cambiaría para siempre el rumbo de la astronomía.

## La invención del telescopio

Hasta ese momento, todas las observaciones astronómicas se realizaban a simple vista con la ayuda de sextantes y cuadrantes, pero en 1608 el holandés Hans Lippershey construyó el primer telescopio. En la solicitud de la patente reseñó que se trataba de un dispositivo «para ver cosas lejanas como si estuviesen cerca». No está claro si fue realmente la primera persona que creó un instrumento de este tipo, pero lo cierto es que la historia suele concederle ese crédito.

Muchos de los grandes avances en la historia de la ciencia, como el «¡Eureka!» de Arquímedes o la manzana cayendo del árbol de Isaac Newton, vienen acompañados de historias —probablemente apócrifas— que nos hablan de un momento especial de lucidez, y la invención del telescopio no es ninguna excepción. Según se dice, a Lippershey se le encendió la bombilla cuando vio a un par de niños jugando con una caja de lentes viejas en su taller. Si miraban a una veleta distante a través de dos lentes a la vez, de repente esta parecía mucho más grande. Lippershey usó este efecto para construir un dispositivo que pudiese ampliar los objetos tres veces. Unos años más tarde, el científico griego Giovanni Demisiani llamó a este nuevo invento *telescopio*, vocablo compuesto por dos términos griegos que significan «lejos» y «mirar» o «ver».

Sin embargo, fue un matemático italiano quien explotó el verdadero potencial de este nuevo invento y, al hacerlo, consiguió descartar definitivamente una idea muy antigua.

## Galileo y sus observaciones telescópicas

En 1608 el científico italiano Galileo Galilei trabajaba en Padua enseñando matemáticas en la universidad de esa localidad. Durante un viaje a Venecia se topó con un ejemplar de un dispositivo holandés recién inventado que se estaba extendiendo como la pólvora por toda Europa. Se propuso mejorar el diseño y no tardó en idear un telescopio capaz de aumentar ocho veces los objetos (cinco más que el aparato original de Lippershey). Poco después construyó un dispositivo capaz de aumentar la imagen más de treinta veces.

Equipado con este instrumento, Galileo no tardó en convencerse de que no vivimos en un universo completamente geocéntrico. Ptolomeo estaba equivocado. El 7 de enero de 1609 apuntó su telescopio hacia Júpiter y vio tres pequeños objetos alrededor del planeta. Una semana después ya había detectado un cuarto objeto. En su honor, hoy en día nos referimos a los cuatro satélites más grandes de Júpiter como lunas *galileanas* (ver página 133). Se trataba de cuatro objetos celestes que claramente no orbitaban ni en torno a la Tierra ni en torno al Sol.

Pero la prueba verdaderamente definitiva apareció en septiembre de 1610, cuando Galileo comprobó que Venus, al igual que la Luna, tenía fases. A veces parecía «lleno» y otras veces como «creciente». Además, el tamaño de Venus variaba con el tiempo, como si en un determinado momento se estuviese acercando a nosotros y, en otro, alejándose. Si, tal como había propuesto Ptolomeo, tanto Venus como el Sol giraban en torno de la Tierra, no sería posible de ningún modo que viésemos distintas fases en Venus. El sistema ptolemaico no permite que Venus se sitúe entre la Tierra y el Sol, y esa es la alineación que ha de producirse para que podamos apreciar fases en dicho planeta. Según los sistemas tychónico y copernicano, cuando Venus se encuentra entre nosotros y el Sol apenas lo veríamos iluminado, pues la mayor parte de la luz solar incide sobre el lado opuesto del planeta. Del mismo modo, la cara que da hacia nosotros estaría completamente iluminada cuando el planeta estuviese en su punto más alejado de nosotros.

Por fin contábamos con una sólida evidencia que nos permitía descartar el antiguo modelo geocéntrico de Ptolomeo, pero decantarse por el heliocentrismo seguía suponiendo en aquella época un riesgo que podía hacer que dieses con tus huesos en la hoguera, así que cuando Galileo se decantó por apoyar los argumentos de Copérnico desató la ira del clero. Este defendía el sistema de Tycho porque daba cuenta tanto de las fases de Venus como de la necesidad religiosa de que la Tierra estuviese situada en el centro del universo. En 1616 la Inquisición declaró que la idea del heliocentrismo contradecía directamente las Sagradas Escrituras. Unos años más tarde, en 1633, Galileo fue llevado a juicio y declarado culpable de herejía. Su condena consistió en pasar el resto de su vida bajo arresto domiciliario. Hasta su muerte en 1642, a los setenta y siete años de edad, se dedicó a escribir otros importantes libros sobre campos menos controvertidos de la ciencia. Finalmente la Iglesia indultó a Galileo, ¡pero hubo que esperar hasta el año 1992!

Galileo también dibujó bocetos de las montañas de la Luna y mediante el estudio de sus sombras realizó un cálculo aproximado de su altura. Sus hallazgos revelaron un mundo con cumbres mucho más altas de lo esperado. También fue el primero en ver los anillos de Saturno, los cuales describió como «orejas» que sobresalían a ambos lados del planeta. Incluso llegó a observar manchas en la superficie del Sol y reveló que la Vía Láctea no es solo una nube de gas, sino que está densamente poblada de estrellas.

# Johannes Kepler y sus leyes planetarias

Incluso antes de que Galileo llevase a cabo sus observaciones, el matemático alemán Johannes Kepler ya era uno de los primeros y más apasionados defensores del modelo copernicano. Kepler, quien pasó a ser asistente de Tycho Brahe en 1600, anhelaba descubrir las reglas matemáticas que regían las órbitas planetarias alrededor del Sol. Brahe le permitió acceder a algunas de sus observaciones, pero el danés guardaba celosamente sus datos. El hecho de que Brahe falleciese tan solo un año después y Kepler heredase tan oportunamente todo su trabajo ha llevado a algunos historiadores a considerar que este jugó sucio. El cuerpo de Brahe fue exhumado en 1901 y en sus restos se encontraron rastros de mercurio. ¿Murió a causa de una disfunción urinaria o fue Kepler quien le envenenó para así poder acceder a su incomparable catálogo astronómico? A fin de cuentas, la única fuente a través de la cuál conocemos la historia de la muerte de Brahe es el diario de Kepler... Sin embargo, el cuerpo del astrónomo danés fue exhumado nuevamente en 2010 y en esta ocasión los ensayos realizados revelaron niveles de mercurio insuficientes como para haberle causado la muerte.

En la década posterior al fallecimiento de Brahe, Kepler utilizó sus observaciones para concebir sus famosas tres leyes del movimiento planetario:

**Primera ley de Kepler:** los planetas giran en torno al Sol siguiendo órbitas elípticas, con el Sol ocupando uno de los focos de la elipse.

Kepler se dio cuenta de que los planetas no giran alrededor del Sol en círculos perfectos, tal como los antiguos e incluso Copérnico habían imaginado. En lugar de eso, siguen una trayectoria ovalada llamada *elipse*. Una elipse tiene dos focos —dos puntos matemáticamente importantes del interior de dicha curva—, y el Sol se sitúa justo en uno de estos dos puntos.

**Segunda ley de Kepler:** la línea que une el Sol y el planeta barre áreas iguales en tiempos iguales.

Una consecuencia de que los planetas tengan órbitas elípticas es que en ciertos momentos se encuentran más cerca del Sol que en otros. Sin embargo, Kepler se percató de que la línea imaginaria que une al Sol con el planeta tarda el mismo tiempo en desplazarse por la misma área (ver más abajo). Dicho en pocas palabras, esto significa que un planeta acelera cuando se encuentra más cerca del Sol y se ralentiza cuando está más alejado de este.

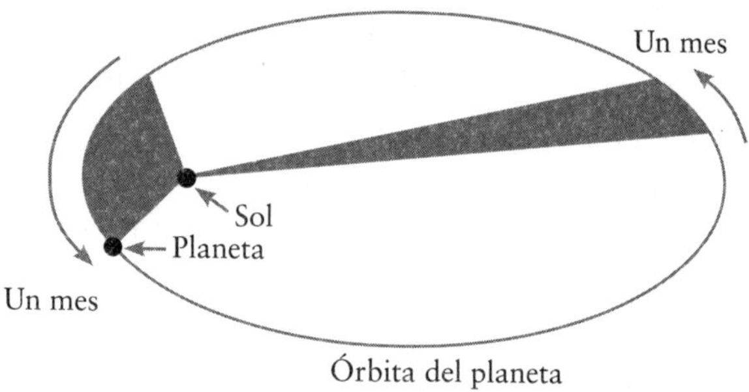


Según Kepler, los planetas orbitan en torno al Sol en elipses y su velocidad aumenta cuando se encuentran más cerca.

**Tercera ley de Kepler:** el cuadrado del período orbital de un planeta es proporcional al cubo de su distancia del Sol.

En esencia, esto significa que cuanto más alejado del Sol esté un planeta, más lentamente girará. En realidad, es algo de sentido común: Mercurio gira más rápido alrededor del Sol porque la elipse que tiene que recorrer es más pequeña. En cambio, Saturno tarda mucho más porque ha de recorrer una distancia mucho mayor. La gran genialidad de Kepler estuvo en descubrir la relación matemática exacta que vincula estos dos factores. Analizando las precisas observaciones de Brahe, se percató de que el cuadrado del tiempo que un planeta tarda en recorrer su órbita (es decir, dicho tiempo multiplicado por sí mismo) estaba directamente relacionado con su distancia al Sol elevada al cubo (es decir, multiplicada por sí misma dos veces).

Se trata de leyes empíricas, basadas en observaciones directas y no en ninguna explicación teórica subyacente sobre por qué los planetas orbitan alrededor del Sol. Esa comprensión más profunda llegaría en 1666, cuando, después de verse obligado a abandonar Cambridge debido a la peste, un matemático inglés estaba sentado plácidamente en el jardín de la casa de su madre y una manzana cayó sobre su cabeza...


## Isaac Newton y la gravedad

Por lo que parece, hay algo de cierto en la historia de Newton y la manzana, aunque no es verdad que le golpease en la cabeza. Al menos no según una influyente biografía sobre el científico titulada *Memorias de la vida de Sir Isaac*

*Newton*, publicada en 1752. William Stukeley, su autor, se encontraba tomando el té con Newton en un jardín después de la cena cuando el famoso científico le dijo que había dado con su teoría de la gravedad después de ver cómo una manzana caía al suelo.

La idea clave de Newton fue que todo objeto experimenta una fuerza de atracción hacia cualquier otro objeto del universo. La manzana se siente atraída por la Tierra y por eso cae. La única razón por la que deja de caer es porque choca contra el suelo. Newton se dio cuenta de que si pudiésemos impulsar la manzana lo suficientemente alto y con la suficiente velocidad, «caería» girando alrededor de la Tierra sin que la superficie del planeta se interpusiera en su camino. En otras palabras, orbitaría alrededor de la Tierra. Su gran salto de razonamiento radicó en comprender que la Luna orbita alrededor de la Tierra por la misma razón que la manzana cae: que se encuentra en caída libre sin nada que se interponga en su camino; todo se reduce a la atracción gravitacional que se establece entre ambos objetos.

En 1687, Newton publicó sus ideas sobre la gravedad en un libro titulado *Philosophiæ Naturalis Principia Mathematica* («Principios matemáticos de la filosofía natural»), al cual se suele hacer referencia simplemente con el nombre abreviado de *Principia*. Esta obra también contenía muchas otras ideas muy importantes, entre ellas sus famosas tres leyes del movimiento. Aquí Newton afirma que la atracción gravitacional entre dos objetos es inversamente proporcional al cuadrado de la distancia que los separa, lo que significa que si duplicamos la distancia que separa a dos objetos, la fuerza de la atracción gravitacional que hay entre ellos se reduce a un cuarto. Si

     UNIVERSO

triplicamos dicha distancia, la fuerza de atracción gravitacional disminuirá hasta un noveno. Sus planteamientos demostraron ser sumamente relevantes porque utilizó su ley de gravitación universal y sus leyes del movimiento para probar las leyes de los movimientos planetarios de Kepler (ver página 45). Lo que estaba proclamando en realidad era: «Sé a qué se debe que los planetas orbiten alrededor del Sol y puedo demostrarlo porque mis ideas dan los mismos resultados que los principios propuestos por Kepler».

Tomemos por ejemplo la segunda ley de Kepler, que dice que la línea imaginaria que une al Sol con un planeta barre áreas iguales en tiempos iguales. Dicho de otro modo, la velocidad de los planetas aumenta cuando están más cerca del Sol y disminuye cuando se encuentran más alejados de él. Newton proporcionó una explicación a este comportamiento. La atracción gravitacional entre dos objetos será más intensa cuanto más cerca se encuentren el uno del otro y más débil cuanto más separados estén. Así, cuando un planeta está cerca del Sol, siente una fuerza de atracción más intensa y se acelera. Por el contrario, a medida que se aleja, la intensidad de dicha fuerza va disminuyendo, por lo que el planeta se ralentiza.

Pero la obra maestra de Newton estuvo a punto de no llegar a imprimirse. La Royal Society había gastado todo su presupuesto editorial en un libro titulado *The History of Fishes* («Historia natural de los peces») que resultó ser un completo fracaso. Ante tal situación, el astrónomo Edmund Halley intervino y financió la publicación poniendo dinero de su propio bolsillo. De este modo se aseguró de que uno de los libros más importantes de todos los tiempos, no ya solo científico, sino de cualquier tipo, viese la luz.

# Isaac Newton y la luz

Más o menos por la misma época en la que la manzana en caída libre despertó la imaginación de Newton, el científico también estaba enfrascado en la realización de diversos ensayos con prismas para estudiar la luz. Experimentar con estos bloques de vidrio no era nada nuevo. Ya se sabía desde mucho tiempo atrás que podían producir una gama de colores a partir de la luz blanca. Sin embargo, la opinión predominante por aquel entonces era que los prismas mismos teñían o coloreaban de algún modo la luz cuando esta los atravesaba, mientras que la luz en sí seguía siendo de un blanco puro.

Newton refutó esta idea mediante un experimento ingenioso pero sencillo. Un día soleado de 1666 cerró la persiana de una ventana y perforó un pequeño agujero en ella, de modo que tan solo entrase un rayo de sol en la habitación. Interpuso un prisma en el trayecto de la luz para que, tal como esperaba, apareciera un arco íris de colores. Y ahora viene el toque de ingenio, pues a continuación colocó un segundo prisma invertido en el trayecto del arco íris de colores. Efectivamente, el segundo prisma volvió a recombinar los colores en un único rayo de luz blanca. Por consiguiente, no eran los prismas los que añadían color a la luz. La luz blanca debía ser realmente una mezcla de diferentes colores que los prismas eran capaces de separar (o de recombinar). Newton publicó los resultados de sus estudios en 1672.

# EL TELESCOPIO REFLECTOR

En 1668 Newton diseñó un nuevo tipo de telescopio. Los primeros telescopios eran refractores, es decir, usaban lentes para doblar o refractar la luz. En cambio, el telescopio reflector (basado en la reflexión especular) de Newton evitaba uno de los mayores problemas que presentaban los telescopios refractores: la aberración cromática. Al igual que ocurre en un prisma, las lentes curvan cada color de la luz de forma ligeramente diferente, lo que implica que no todos se enfocan del mismo modo.

En el telescopio newtoniano la luz penetra por la parte superior y rebota en un espejo curvo situado en la parte inferior. La luz reflejada vuelve a ascender por el tubo e incide en un espejo plano secundario que la desvía hacia un lateral, donde un ocular revela la imagen enfocada.

Actualmente los telescopios más grandes son de tipo reflector, ya que no es posible construir telescopios refractores de cualquier tamaño. En los telescopios refractores, la luz ha de atravesar una lente que ha de estar sujetada por ambos lados. Esto implica que si se construye un telescopio demasiado grande, la voluminosa lente se hundiría bajo su propio peso, por lo que dejaría de enfocar adecuadamente la luz. En cambio, un espejo se puede sostener fácilmente desde atrás. El telescopio refractor más grande del mundo tiene una lente de un metro de diámetro, mientras que el telescopio reflector más grande tiene un diámetro ligeramente superior a diez metros.

Esta comprensión básica de las propiedades de la luz constituye la base sobre la que se fundamentan muchas áreas de la astronomía moderna. Como veremos en secciones posteriores, los astrónomos se valen de ellas constantemente.

## Römer y la velocidad de la luz

Las postrimerías del siglo XVII constituyeron un período verdaderamente revolucionario en nuestra comprensión de la luz. Más o menos por las mismas fechas en las que Isaac Newton estaba haciendo valiosos descubrimientos sobre el origen del color, el astrónomo danés Ole Römer se afanaba en calcular la velocidad a la que viaja la luz.

En la década de 1670, el Observatorio Real de París envió un equipo de astrónomos al antiguo observatorio Uraniborg de Tycho Brahe, en la isla de Ven, con el fin de realizar mediciones precisas de las cuatro lunas galileanas de Júpiter, y más en concreto para estudiar cuándo desaparecían de la vista al ser eclipsadas por el planeta. Aquí, Römer trabajaba como ayudante del astrónomo francés Jean Picard y más adelante, gracias al trabajo que había desarrollado en el Uraniborg, le ofrecieron un puesto en París.

La observación de estas lunas planteaba un misterio desconcertante: los eclipses a menudo tenían lugar un poco antes o un poco después de lo que predecían los cálculos basados en la gravedad newtoniana. En 1676, Römer, basándose en el trabajo desarrollado por Giovanni Cassini, director del observatorio, dio con la explicación. Ambos propusieron correctamente que esas diferencias se debían a que la luz tarda un cierto tiempo en viajar a través del espacio. Hasta ese momento se pensaba que la velocidad de la luz era infinita, que pasaba del punto A al punto B de forma instantánea, pero los eclipses de las lunas de Júpiter parecían ocurrir antes de lo previsto cuando la Tierra y Júpiter estaban cerca y retrasarse cuando los dos planetas se encontraban muy separados el uno del otro. Römer calculó que la luz tarda 11 minutos en recorrer la distancia que separa a la Tierra del Sol, lo que equivale a una velocidad de 220 millones de metros por segundo.

Hoy sabemos que la velocidad de la luz es de 299.792.458 metros por segundo, de modo que Römer y Cassini se aproximaron bastante al valor real. En todo caso, lo importante no es la cifra a la que llegaron, sino el hecho de que fueron capaces de demostrar de manera concluyente que la velocidad de la luz es finita: la luz tarda un cierto tiempo en llegar a distintos lugares. Esta velocidad es tan sumamente rápida que en el día a día no nos percatamos de ella. Solo se vuelve apreciable cuando consideramos distancias astronómicas. Retomaremos esta idea en numerosas ocasiones a lo largo del libro.

Una forma muy popular de referirse a las distancias cósmicas es expresarlas en años luz. Un año luz es la distancia que recorre la luz en un año. Puesto que viaja a una velocidad de 299.792.458 metros por segundo, la luz recorre 9,46 billones de kilómetros en un año. La estrella más cercana a la Tierra después del Sol se encuentra a unos 40 billones de kilómetros de distancia, o lo que es lo mismo, a 4,2 años luz. Para objetos más cercanos podemos usar horas luz, minutos luz o incluso segundos luz. Por ejemplo, Plutón se encuentra a 5,3 horas luz de la Tierra. El Sol está a 8,3 minutos luz de distancia, y la Luna a tan solo 1,3 segundos luz.

# Halley y su cometa

En la década de 1670, los reyes de Francia y de Inglaterra pusieron en marcha observatorios reales con el objetivo de utilizar las estrellas como ayuda a la navegación marítima. En Inglaterra, al director del Observatorio Real de Greenwich se le investía con el título de Astrónomo Real. Cuando John Flamsteed, el primer Astrónomo Real, falleció en 1719, el cargo pasó a su asistente Edmund Halley —el hombre que había financiado secretamente la publicación de los *Principia* de Newton (ver página 49).

Parte de la razón por la que Halley puso dinero de su propio bolsillo para publicar los *Principia* fue que había presenciado en primera persona el increíble potencial del trabajo de Newton. En 1684, tres años antes de la publicación del libro, Halley visitó a Newton y estuvieron hablando sobre la gravedad y la relación que esta tiene con los cometas, fragmentos helados de detritos que se precipitan en sus órbitas alrededor del Sol (aunque por aquel entonces no muchos lo sabían). En 1680 se pudieron ver en el cielo las llamaradas de un cometa espectacular llamado Kirch. Newton usó las observaciones del cometa realizadas por Flamsteed para demostrar que también obedecía a las leyes de Kepler: su órbita era elíptica y su velocidad aumentaba al acercarse al Sol, por lo que, al igual que los planetas, debía verse afectado por la gravedad del Sol.

Hacia 1705, Halley, basándose en el trabajo de Newton, había escrito su propio libro sobre los cometas, titulado *Sinopsis de la astronomía de los cometas*. Ahora que sabía que los cometas orbitaban en torno al Sol, propuso que los tres cometas que habían aparecido en 1682, 1607 y 1531 eran, en realidad, el mismo cometa que regresaba a la Tierra en sucesivas órbitas de su recorrido. Además, predijo que regresaría nuevamente en 1758. Halley falleció en 1742, por lo que no vivió para ver el regreso del cometa justo el mismo año que él pronosticó. Desde entonces, ese objeto recibe el nombre de cometa Halley en su honor.

Provistos de este nuevo conocimiento, astrónomos e historiadores revisaron la historia y descubrieron registros del mismo cometa que se extendían por muchas generaciones y por los cinco continentes. Las características de algunos cometas observados en Grecia en el siglo v a. C. y en China en el siglo iii a. C. indicaban que a buen seguro se trataba del cometa Halley. Incluso es célebre por aparecer en el famoso tapiz de Bayeux.

El cometa Halley visitó por última vez el sistema solar interior en 1986 y se espera que regrese en 2061.


## Bradley y la aberración de la luz

A pesar de los éxitos de Galileo, Kepler, Newton y Halley, el debate sobre el modelo tychónico y copernicano seguía candente. Aún no había ninguna prueba innegable de que la Tierra estuviese moviéndose realmente alrededor del Sol.

Tanto Picard en París como Flamsteed en Greenwich se dieron cuenta de que la Estrella Polar, esa estrella que parece mantenerse siempre fija en el mismo lugar en todas las estaciones, en realidad se mueve ligeramente hacia delante y hacia atrás en el transcurso de un año. Pero habría que esperar a que James Bradley, el sucesor de Halley como Astrónomo Real, proporcionase una explicación concreta y definitiva que enterrase de una vez por todas los modelos geocéntricos.

Cuando nos movemos en la lluvia las gotas
parecen golpear en el paraguas con un cierto ángulo.

Imaginemos que la luz proveniente de las estrellas que incide sobre la Tierra fuese lluvia. Si nos desplazamos por la superficie terrestre a la vez que la lluvia cae verticalmente sobre nosotros, nos da la impresión de que las gotas inciden en el paraguas desde un lado, formando un cierto ángulo. En realidad la lluvia no cae en ángulo, sino que es el hecho de estar moviéndonos en la lluvia lo que genera ese efecto. Del mismo modo, durante la mitad de su órbita la Tierra gira en un sentido con respecto a la «lluvia» de la luz estelar y en sentido contrario durante la otra mitad. Este efecto, conocido como *aberración*, es el responsable de que las estrellas parezcan moverse ligeramente en el cielo nocturno en el transcurso de un año. En un sistema tychónico —con una Tierra estacionaria— esto no ocurriría. Así, en 1729 Bradley aportó por fin la prueba concluyente de que vivimos en un sistema solar copernicano heliocéntrico. Sin embargo, hasta el 1758 la Iglesia Católica siguió prohibiendo todos los libros que defendiesen el heliocentrismo.

# El tránsito de Venus

Una vez que estuvo claro que la Tierra no era más que otro planeta, los astrónomos centraron su atención en dilucidar a qué distancia del Sol nos encontramos exactamente. En el siglo XVIII, la única manera de medir esta distancia era observando un raro evento astronómico llamado *tránsito de Venus*, el cual se produce cuando desde nuestra perspectiva Venus cruza directamente frente al Sol, algo así como una especie de minieclipse solar.

Observando el tránsito desde dos lugares diferentes de la Tierra —cuanto más separados, mejor— veríamos que el evento empieza y termina en momentos ligeramente diferentes, ya que estaríamos viendo el Sol desde ángulos levemente distintos. Halley se dio cuenta de que es posible utilizar esta diferencia horaria para calcular la distancia que separa a la Tierra de Venus. A partir de ahí, se podía aplicar la tercera ley de Kepler para escalar esta distancia e inferir la distancia Tierra-Sol.

Sin embargo, dado que el planeta parece muy pequeño debido a la gran distancia a la que se encuentra de nosotros, estos eventos no son fácilmente visibles sin la ayuda de un telescopio. Los tránsitos de Venus se dan en parejas, con una diferencia de ocho años entre un tránsito y el siguiente, pero luego hay que esperar más de un siglo hasta el siguiente par de tránsitos.

Usando sus leyes del movimiento planetario, Johannes Kepler predijo que ocurriría un tránsito en 1631 —la primera predicción de este tipo—. Estaba en lo cierto. Sin embargo, el tránsito se produjo durante la noche europea, por lo que nadie pudo verlo. El astrónomo inglés Jeremiah Horrocks predijo correctamente otro tránsito en 1639 y al observarlo desde su casa, cerca de Preston, se convirtió en la primera persona en ver uno. En 1691, Edmund Halley dio con el método adecuado para calcular la distancia al Sol, pero los astrónomos tuvieron que esperar hasta los dos siguientes tránsitos, de 1761 y de 1769, respectivamente, para tratar de ponerlo en práctica en un esfuerzo conjunto.

Tal fue la importancia de esta medición —y la escasez de oportunidades para realizarla—, que los astrónomos del siglo XVIII hicieron todo lo posible para asegurarse de no perder una oportunidad que tan solo se presentaba un par de veces cada siglo. Los observatorios europeos enviaron equipos de astrónomos a todos los rincones del planeta para hacer observaciones de los tránsitos de 1761 y 1769, y en cada punto se establecieron en diversas ubicaciones para garantizar que el mal tiempo no diese al traste con sus esfuerzos. Así, si en el momento crucial un equipo se topaba con un cielo nublado, otro podría tener el cielo despejado.

La Royal Society encargó al *Endeavour*, uno de los buques de la Real Marina británica, con el Capitán James Cook al mando, que navegase hasta Tahití para observar el eclipse de 1769. Cook también llevaba consigo órdenes selladas del gobierno británico en las que se especificaba lo que tenía que hacer después del tránsito: le encomendaron que buscase en el Pacífico un continente aún por descubrir cuya existencia se rumoreaba. Como es bien sabido, el 29 de abril de 1770 desembarcó en Botany Bay (la actual Sídney) y aquel enclave se convirtió en el primer asentamiento europeo en la Australia continental.

Las mediciones del tránsito de Venus realizadas desde Tahití se usaron para calcular la distancia Tierra-Sol y el valor que obtuvieron fue de 150.838.824 kilómetros. La cifra aceptada en la actualidad es de 149.600.000 kilómetros, de modo que, teniendo en cuenta lo limitada que era su tecnología, los astrónomos del siglo XVIII se acercaron extraordinariamente al valor real.

## Pesar el mundo

Los astrónomos también querían averiguar el peso de los planetas. En el siglo XVIII, incluso la masa de la Tierra era un misterio. A pesar del gran éxito que tuvo con su cometa, Edmund Halley creía que la Tierra era hueca. En 1774, Nevil Maskelyne, uno de sus sucesores como Astrónomo Real, demostró que no era así.

Desde los días de los *Principia* de Newton sabemos que todo objeto experimenta una atracción gravitacional hacia cualquier otro objeto en el universo. Cuanto más cerca están dos objetos, más fuerte es la atracción. El mismo Newton había considerado la posibilidad de usar este fenómeno para pesar la Tierra. Imaginó un péndulo sostenido cerca de una gran montaña. La plomada del extremo del péndulo experimentaría tres fuerzas: un empuje gravitacional hacia la montaña, un empuje gravitacional hacia la Tierra y la tensión en la cuerda que lo sostiene. El resultado sería que la plomada en reposo formaría un ligero ángulo en dirección a la montaña con respecto a la vertical. En esta situación, la atracción conjunta de la montaña y de la Tierra equivaldría a la fuerza de tensión que experimenta la cuerda. Así pues, conociendo la masa de la montaña y el ángulo de desviación de la plomada podemos usar las ecuaciones de Newton para calcular la masa de la Tierra.

Newton descartó el experimento por razones prácticas, pues pensaba que sería demasiado difícil medir la desviación del péndulo, pero Maskelyne lo llevó a cabo. Escogió el monte Schiehallion, en Escocia, de 1.083 metros, debido a su forma cónica y simétrica. Es relativamente fácil calcular el volumen de un cono, y si conocemos la densidad de la roca de la que está hecha la montaña, podemos calcular su masa. Maskelyne instaló puntos de observación a ambos lados de la montaña y, a pesar de los contratiempos que sufrió debido al mal tiempo, finalmente logró medir el ángulo de desviación del péndulo utilizando las estrellas como punto de referencia. Posteriormente, el topógrafo Charles Hutton calculó el volumen de la montaña. Para facilitar la tarea, dividió la montaña en secciones y, al hacerlo, inventó las curvas de nivel.

El equipo de Maskelyne calculó una densidad promedio de la Tierra de 4,5 gramos por cada centímetro cúbico (el valor aceptado actualmente es de 5,5). Dado que la densidad promedio del monte Schiehallion era solo de 2,5 gramos por centímetro cúbico, el material que había bajo la superficie de la Tierra debía de ser significativamente más pesado que el de la montaña. Por consiguiente, nuestro planeta no puede ser hueco. Hasta ese momento, las densidades del Sol, la Luna y los planetas se conocían únicamente como múltiplos del valor de la densidad que tuviese la Tierra. Ahora que se conocía la densidad promedio de la Tierra, los astrónomos también podían decir algo sobre las densidades y las masas de todos los demás objetos de gran tamaño del sistema solar. Así fue como una montaña de Escocia estableció la escala para toda la familia de los mundos que orbitan en torno al Sol.

| Objeto | Masa | Densidad |
| --- | --- | --- |
| Tierra | 5,97 × 1.024 kg | 5,5 g/cm$^3$ |
|  | En comparación con la Tierra |  |
| Sol | 333.000 |  |
| Luna | 0,01 | 0,61 |
| Mercurio | 0,06 | 0,98 |
| Venus | 0,82 | 0,95 |
| Marte | 0,11 | 0,71 |
| Júpiter | 317,8 | 0,24 |
| Saturno | 95,2 | 0,13 |
| Urano | 14,5 | 0,23 |
| Neptuno | 17,1 | 0,30 |

# Herschel y Urano

El 13 de marzo de 1781 William Herschel duplicó el tamaño del sistema solar conocido en un abrir y cerrar de ojos. Desde su hogar en Bath, Inglaterra, había descubierto un planeta completamente nuevo que se encontraba dos veces más lejos del Sol que Saturno. Puesto que todos los demás planetas se conocían desde la antigüedad, era la primera vez que un planeta había sido realmente «descubierto». Después se comprobó que muchos astrónomos, incluidos varios astrónomos reales del Observatorio de Greenwich, lo habían visto antes, pero como se mueve de un modo extremadamente lento a lo largo de la eclíptica, siempre lo habían confundido con una estrella fija. En un primer momento, Herschel pensó que se trataba de un cometa, pero poco a poco se fue dando cuenta de cuál era su verdadera naturaleza.

Sin embargo, se tardó casi un siglo en llegar a un acuerdo universal sobre el nombre de este nuevo hallazgo. Como su descubridor, Herschel tenía el derecho de decidir cómo se iba a llamar, y eligió Georgium Sidus (o la Estrella de George) en reconocimiento al Rey George III, quien había contratado a Herschel como astrónomo. Como es de suponer, ese nombre no fue muy bien recibido en el resto de los países. En 1782 se propuso el nombre de Urano, el dios griego del cielo. Una alternativa bastante apropiada, pues Urano era el padre de Cronos (Saturno), quien a su vez era el padre de Zeus (Júpiter). Pero este nombre no fue adoptado oficialmente hasta 1850. Hace que el planeta se diferencie de los demás: el resto (aparte de la Tierra) llevan nombres de dioses romanos, mientras que Urano es el único con un nombre griego.

## Herschel y la luz infrarroja

En 1800, Herschel hizo un descubrimiento que posiblemente fue más importante que el hallazgo de un nuevo planeta: encontró una forma de luz completamente desconocida hasta entonces.

Como hiciera Newton más de un siglo atrás, Herschel estaba experimentando con prismas. Sospechaba que existía una relación entre el color y la temperatura, así que hizo que un rayo de luz solar atravesase un prisma y colocó termómetros en distintas posiciones del espectro de color que producía. Así comprobó que las temperaturas más altas se encontraban en el extremo rojo del espectro. Entonces hizo algo realmente notorio: desplazó el termómetro más allá de la banda de luz roja hasta un lugar en el que no parecía haber luz alguna, pero el termómetro registró una temperatura aún más alta en esa región que en cualquier otra parte del espectro de color.

Herschel concluyó que debía de haber una especie de «rayos caloríficos» invisibles más allá del extremo rojo del espectro de luz. Él mismo realizó experimentos ulteriores que demostraron que estos rayos se comportaban exactamente de la misma manera que los rayos de luz ordinarios. Hoy en día conocemos sus rayos caloríficos como *radiación infrarroja*. Es la luz invisible que emiten los objetos calientes (en la que se basan las cámaras infrarrojas modernas que se utilizan para detectar huellas de calor en persecuciones policiales, campos de batalla o zonas catastróficas).

El descubrimiento de Herschel fue el primer indicio de la existencia de luz más allá de lo que nuestros ojos pueden percibir. Del mismo modo que hay sonidos con frecuencias demasiado bajas o altas para que el oído humano pueda detectarlas, también existen frecuencias de luz demasiado bajas o altas como para que nuestros ojos las puedan ver. En la actualidad, los físicos se refieren al rango completo de frecuencias de la luz como el *espectro electromagnético*. Dicho espectro abarca desde las ondas de radio y las microondas en el extremo de las bajas frecuencias, hasta la luz ultravioleta, los rayos X y los rayos gamma, pasando por la luz infrarroja y el espectro visible. Cuando los astrónomos hablan de *luz*, se refieren a todas estas radiaciones.

Los primeros telescopios eran sensibles a la luz visible (la luz que nuestros ojos pueden percibir), pero en la actualidad los astrónomos cuentan con una amplia gama de telescopios capaces de «ver» en todas las frecuencias de la luz, desde ondas de radio hasta rayos gamma. Si nos limitásemos únicamente a la luz visible, nos estaríamos perdiendo gran parte de la información que llega a la Tierra desde el espacio.

Cuando en 2009 la Agencia Espacial Europea (o ESA, siglas en inglés de European Space Agency) lanzó el telescopio espacial de luz infrarroja más grande construido hasta ese momento, lo llamaron Herschel en reconocimiento a los grandes aportes a la ciencia que realizó este investigador.

## El descubrimiento de Neptuno

Si con Urano nos topamos de forma accidental, puede decirse que con Neptuno ocurrió todo lo contrario. Los astrónomos examinaron cuidadosamente la órbita de Urano en las décadas posteriores a su descubrimiento y detectaron algunas irregularidades. El planeta no siempre se encontraba en el lugar en el que las ecuaciones de Kepler y Newton predecían que debería estar.

Sin embargo, no tardaron en darse cuenta de que el problema no estaba en las leyes mismas, sino que estaban detectando el efecto de otro planeta más distante que afectaba a la órbita de Urano. Cuando Urano se acerca a este planeta invisible, se ve atraído por él y su velocidad aumenta. Una vez que lo ha dejado atrás, el planeta tira de él hacia el lado contrario, por lo que Urano se ralentiza ligeramente.

Aplicando las ecuaciones de Kepler y de Newton, el matemático francés Urbain Le Verrier calculó el lugar exacto en el que debía encontrarse este planeta entrometido. Después envió sus cálculos al astrónomo alemán Johann Galle, quien desde Berlín apuntó su telescopio a esas coordenadas y, efectivamente, ahí estaba Neptuno esperando a ser descubierto (a menos de un grado de diferencia de las coordenadas predichas por Le Verrier). Después, como ya había ocurrido con Urano, resultó que ya había sido visto varias veces antes (incluso por Galileo), pero su baja velocidad había hecho que resultase indistinguible de una estrella fija.

## Einstein y la relatividad especial

Es la ecuación más famosa de toda la ciencia. $E = mc^2$ apareció en 1905, cuando Albert Einstein publicó su teoría especial de la relatividad. Significa que la energía ($E$) es equivalente a la masa ($m$). Para calcular cuánta energía está encerrada en un objeto tan solo hemos de multiplicar su masa por la velocidad de la luz ($c$) al cuadrado.

Aquel año Einstein se empleó a fondo, pues también publicó otros dos ensayos históricos. Uno de ellos le llevaría más adelante a ganar el Premio Nobel de Física de 1921 por descubrir que la luz está compuesta de unas partículas llamadas *fotones*. Su lucidez resulta especialmente notable si tenemos en cuenta que en ese momento ni siquiera pertenecía al ámbito académico, sino que trabajaba como empleado en una oficina de patentes en Berna, Suiza.

La relatividad especial lleva el trabajo de Ole Römer sobre la luz (ver página 52) un paso más allá. Einstein propuso que la luz no solo tiene una velocidad finita, sino que también es el límite cósmico de toda velocidad. Es decir, nada puede viajar por el espacio más rápido que la luz. Esta idea se deriva naturalmente de la fórmula $E = mc^2$. Cuanto más rápido se mueve un objeto, más energía tiene. Pero la ecuación también nos dice que un aumento de energía conlleva un aumento de masa, por lo que cuanto mayor es la velocidad de un objeto, más pesado se vuelve. Al ser más pesado, resulta más difícil de mover. Es por eso que para aumentar su velocidad se requiere un mayor aporte de energía. Si viaja más rápido, se vuelve más pesado otra vez. Llega un momento en el que el objeto se mueve a tal velocidad que se vuelve tan pesado que sería necesaria una cantidad infinita de energía para conseguir que fuese aún más rápido, y este límite insuperable es la velocidad de la luz.

## Einstein y la relatividad general

No contento con haberle regalado al mundo su teoría especial de la relatividad, Einstein publicó su teoría general de la relatividad en 1915, revolucionando con ello nuestras ideas sobre la gravedad.

Newton concebía la gravedad como una fuerza de atracción que los objetos masivos ejercían en el espacio vacío. Según él, este era el motivo por el que la Tierra orbita alrededor del Sol. En cambio, Einstein propuso que la Tierra orbita porque el Sol altera la forma del espacio que hay a su alrededor. Agrupó las tres dimensiones del espacio y la del tiempo en un continuo de cuatro dimensiones al que denominó *espacio-tiempo* y propuso que los objetos masivos deformaban dicho tejido.

La forma clásica de visualizar esto es imaginar el espacio-tiempo como la superficie de una sábana estirada por las esquinas. Si colocamos en el centro una bola de jugar a los bolos que represente al Sol, la sábana se hunde y crea

 UNIVERSO

una depresión —un sumidero— en el centro. Si posteriormente tomamos una pelota de tenis (que representa a la Tierra) y la hacemos girar por el borde exterior del sumidero, esta empezará a orbitar en torno a la bola de jugar a los bolos.

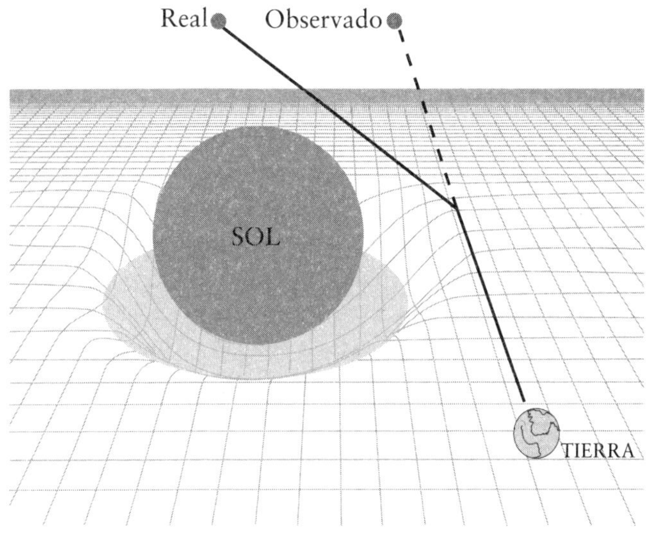


Einstein propuso que los objetos masivos deforman una estructura de cuatro dimensiones denominada espacio-tiempo y que este efecto es capaz de curvar la luz procedente de estrellas distantes.

# ALBERT EINSTEIN (1879-1955)

No ha habido ningún científico anterior o posterior que sea tan famoso como Albert Einstein. La imagen de su rostro decora prendas de ropa, pósteres y tazas en todo el mundo. Hoy en día, más de cien años después de que se publicasen sus teorías especial y general de la relatividad, su trabajo sigue siendo igual de relevante y los físicos siguen encontrando evidencias que demuestran que sus planteamientos eran correctos. Para bien o para mal, su imagen de profesor chiflado con cabello gris se ha convertido en el estereotipo del genio científico.

Ciertamente llevó una vida de lo más variopinta. En 1903 se casó con su colega y estudiante de física Mileva Marić, pero tiempo después empezaría una aventura con su prima hermana Elsa, con quien se casó en 1919. Estuvieron juntos hasta la muerte de ella, en 1936. Se dice que después de aquello, Albert quedó profundamente abatido.

Alemán y judío de nacimiento, se quedó en Estados Unidos cuando Adolf Hitler llegó al poder, y se convirtió en ciudadano estadounidense en 1940. En 1952 le ofrecieron el puesto de presidente de Israel, pero lo rechazó. Murió en 1955 a causa de un aneurisma y durante la autopsia le extrajeron el cerebro sin permiso con el fin de realizar estudios relacionados con la inteligencia.

Los astrónomos sabían desde hacía mucho que la gravedad newtoniana no puede explicar ciertos comportamientos extraños observados en la órbita de Mercurio. Cuando Einstein aplicó su idea del espacio-tiempo curvo a Mercurio, encajó como un guante con los datos observacionales. No obstante, para estar seguros al cien por cien necesitábamos otra forma de confirmar su teoría. La clave estaba en aprovechar las condiciones únicas que se dan en un eclipse solar.

Einstein y Newton estaban de acuerdo en que la gravedad del Sol curvaba la luz de las estrellas distantes, pero discrepaban en cuánto lo hacía. Así es que, con el fin de averiguarlo, en 1919 enviaron al astrónomo británico Arthur Eddington a la pequeña isla africana de Príncipe. Por lo general, no es posible ver las estrellas cercanas al Sol en el cielo diurno. Sin embargo, durante un eclipse solar, la Luna bloquea convenientemente el resplandor del Sol. Eddington aprovechó esta circunstancia para sacar fotografías de las estrellas que se encuentran cerca del Sol.

Como era de esperar, las estrellas estaban exactamente donde Einstein predijo que estarían: desplazadas de su posición normal exactamente como lo estarían si su luz hubiera seguido una trayectoria curva causada por la deformación del espacio-tiempo alrededor del Sol (ver página 67). La relatividad general sigue siendo la mejor teoría que tenemos sobre la gravedad y por el momento ha pasado con gran éxito esta y cualquier otra prueba experimental en la que se ha aplicado.

**2**

# El Sol, la Tierra y la Luna

## El Sol

### *¿De qué está hecho?*

¿Cómo averiguarías de qué está hecho algo que se encuentra a casi 150 millones de kilómetros de distancia? Sobre todo cuando está tan caliente y es tan brillante que no puedes acercarte a él sin acabar completamente chamuscado... Como casi siempre en astronomía, la respuesta está en la luz que recibimos.

En el capítulo 1 hemos visto que usando un prisma podemos descomponer la luz blanca en un espectro de colores (ver página 50). A principios del siglo XIX, el físico alemán Joseph von Fraunhofer descubrió que el espectro de color del Sol no es continuo, sino que contiene una serie de más de 500 líneas negras que hoy conocemos con el nombre de *líneas de Fraunhofer*. En la década del 1850, los científicos alemanes Robert Bunsen y Gustav Kirchhoff consiguieron explicar por qué aparecían estas líneas. Se trataba simplemente de colores faltantes, espacios en los que las diferentes sustancias del Sol habían absorbido esas frecuencias concretas de luz, impidiendo así que esos colores en particular llegasen a la Tierra.

De hecho, estas líneas son como una especie de código de barras químico que nos aporta información vital sobre el origen de la luz. Es la huella digital que identifica inequívocamente al Sol. Calentando diferentes elementos en el laboratorio, Bunsen y Kirchhoff lograron combinar estas líneas de absorción para formar el patrón correspondiente al espectro solar (para este fin, Bunsen inventó el mechero de combustión que lleva su nombre). Encontraron que el Sol estaba formado principalmente por hidrógeno, el elemento más ligero del universo.

Pero en 1868, el Sol planteó a los astrónomos un enigma de difícil resolución. Ese año el astrónomo francés Pierre Janssen observó un eclipse solar y descubrió una línea de absorción que no se correspondía con ningún elemento conocido. Por su parte, el astrónomo inglés Norman Lockyer descubrió otra línea idéntica a la anterior al observar el Sol. Lockyer y su colega, el químico Edward Frankland, llamaron al nuevo elemento *helium*, derivado de *helios*, término griego que significa «sol». Posteriormente, ese elemento se encontró también en la Tierra, pero se convirtió en el primer elemento en ser descubierto primeramente en el espacio. Gracias al método del análisis de las líneas espectrales (conocido como *espectroscopia*), hoy sabemos que el Sol está compuesto en un 73 por ciento por hidrógeno y en un 25 por ciento por helio; el resto está formado por otros elementos como oxígeno, carbono y hierro.

## ¿De dónde proviene su energía?

El Sol nos tuesta la piel desde casi 150 millones de kilómetros de distancia. Una de las cuestiones más acuciantes que los físicos de finales del siglo XIX trataban de resolver era de dónde saca su energía un incinerador tan descomunal.

Los avances producidos en los campos de la geología y la biología, entre ellos el trabajo de Charles Darwin sobre la evolución por medio de la selección natural, indicaban que la Tierra era muy antigua. Si el Sol era incluso más viejo, comprender de dónde provenía su energía se volvía aún más complejo. Una cosa es encontrar un proceso capaz de mantener el Sol durante millones de años, pero la cosa cambia drásticamente si la edad del Sol es de miles de millones de años.

Muchos de los genios científicos de la época victoriana se negaron rotundamente a creer en un marco temporal tan largo. Lord Kelvin, un destacado experto en calor y energía, creía que el Sol extraía su energía de la fuerza de la gravedad. Según él, a medida que el material solar es aplastado hacia el núcleo, la presión y la temperatura aumentan. Por lo tanto, para Kelvin la respuesta estaba en esta conversión de energía gravitacional en energía térmica. Sin embargo, calculó que el Sol tardaría unos 30 millones de años en consumir por completo toda esa energía. Así pues, dado que aún sigue brillando, debía ser más joven que esa cifra. En virtud de este razonamiento, en 1862 rechazó públicamente los cálculos de Darwin que hablaban de una Tierra de miles de millones de años.

Pero Darwin tenía razón y Kelvin estaba equivocado. La pieza que faltaba en el rompecabezas cayó en su lugar

# ARTHUR EDDINGTON (1882-1944)

Eddington fue una de las figuras más importantes en la astronomía de principios del siglo XX. Nacido en el noroeste de Inglaterra y de padres cuáqueros, estaba a punto de solicitar la condición de objetor de conciencia para no tener que participar en la Primera Guerra Mundial cuando, debido a la importancia de sus trabajos astronómicos, le concedieron una exención gracias a la cual no tuvo que alistarse.

Cuando Einstein publicó su teoría general de la relatividad en 1915 (en alemán y en plena guerra), Eddington fue uno de los pocos astrónomos capaces de entenderla y se esforzó por difundir sus ideas clave entre los académicos de habla inglesa. En 1919, Eddington se sirvió de un eclipse para poner a prueba la teoría de la relatividad general, y aquello convirtió *Einstein* en un nombre de fama mundial. Eddington realizó importantes aportaciones a la comprensión que tenemos actualmente del ciclo de vida de las estrellas, entre las que se incluye el cálculo del llamado límite de *Eddington*: el brillo máximo que una estrella puede alcanzar en función de su tamaño.

Sin embargo, no acertó en todo. En la década de 1930, el astrofísico indio Subrahmanyan Chandrasekhar se basó en la relatividad general para sugerir la existencia de agujeros negros, una idea que Eddington ridiculizó públicamente. Chandrasekhar nunca olvidó el desaire, pero finalmente se resarció cuando en 1983 le concedieron el Premio Nobel de Física.

en 1905, cuando Einstein publicó su famosa ecuación $E = mc^2$ (ver página 65), la cual indica que la energía ($E$) y la masa ($m$) son en realidad la misma cosa, por lo que una puede convertirse en la otra. Multiplicando una masa por el cuadrado de la velocidad de la luz obtenemos la cantidad de energía disponible en dicha masa. Sin embargo, hay una condición: para poder liberar la energía de la masa se requieren presiones y temperaturas extremas.

En 1920, el astrónomo británico Arthur Eddington describió por primera vez el mecanismo real que alimenta el Sol: la fusión. Se puede crear helio fusionando hidrógeno bajo condiciones extremas de presión y temperatura como las que se dan en el núcleo solar. No obstante, un aspecto crucial es que la masa del helio resultante es algo más ligera que la del hidrógeno original. Esta diferencia de masa es la fuente de energía del Sol, pues dicha masa se convierte en energía siguiendo lo establecido por la famosa ecuación de Einstein. Cada segundo, el Sol fusiona 620 millones de toneladas de hidrógeno y los convierte en 616 millones de toneladas de helio. Los 4 millones de toneladas que faltan se convierten en luz solar.

A pesar del apetito voraz del Sol a la hora de consumir hidrógeno, todavía cuenta con material suficiente para seguir fusionando otros 5.000 millones de años. En el capítulo 4 veremos qué sucederá cuando se quede sin combustible.

La forma exacta en que el hidrógeno se convierte en helio fue descubierta en 1939, cuando el físico nuclear germanoestadounidense Hans Bethe publicó un modelo de la cadena protón-protón, en la cual cuatro protones (es decir, cuatro núcleos de hidrógeno) acaban fusionándose y formando el núcleo de un átomo de helio. Aunque este proceso se da aproximadamente 90 billones de billones de billones de veces por segundo en el núcleo del Sol, los protones individuales pueden tardar millones de años en fusionarse.

## *El problema de los neutrinos solares*

No podemos acceder directamente al corazón del Sol y observar la cadena protón-protón en acción, pero sí podemos predecir la cantidad de energía que el Sol debería emitir si ese fuese el proceso del que extrae su energía. Al comparar dicha cifra con las emisiones reales, vemos que coinciden.

No obstante, seguía habiendo un problema persistente que atormentó a los astrónomos hasta el siglo XXI, y es que llegaban a la Tierra muchos menos neutrinos provenientes del Sol de los que predecía la teoría. Los neutrinos son partículas subatómicas diminutas que prácticamente no tienen masa. También son un subproducto de la cadena protón-protón de Bethe, por lo que emanan del Sol e inundan el sistema solar. Pero podría decirse que son increíblemente antisociales, pues atraviesan en gran medida la materia ordinaria como si de fantasmas se tratase. El número de neutrinos que cada segundo atraviesan un centímetro cuadrado de nuestro cuerpo es mayor que el de personas que habitan la Tierra. Sin embargo, no nos causan ningún daño.

Desde la década de los sesenta, los físicos han ideado toda una serie de complicados experimentos en un intento por detectar tan solo un puñado de estas partículas cuando atraviesan nuestro planeta. No tardaron en darse cuenta de que no llegaban suficientes, pues solo se detectaron alrededor de un tercio de los neutrinos predichos por el modelo de la cadena protón-protón. Una de las explicaciones que se propusieron fue que los neutrinos cambian de forma (por así decirlo, cambian de «sabor») y, en su recorrido de camino a la Tierra, se convierten en otros dos tipos de neutrinos. Según este planteamiento, los primeros experimentos de detección de neutrinos, que únicamente eran sensibles a un tipo de neutrino, pasarían por alto los otros dos, lo cual explicaría por qué solo detectaban un tercio de lo que esperaban observar.

Entre los años 1998 y 2006, diversos experimentos llevados a cabo en Estados Unidos y Japón pusieron de manifiesto que, efectivamente, existen tres tipos de neutrinos y que un neutrino individual puede cambiar o alternar entre ellos. Teniendo en cuenta esta oscilación de los neutrinos, la cantidad que llega a la Tierra es exactamente la que cabría esperar si la cadena protón-protón fuese la fuente de energía del Sol.

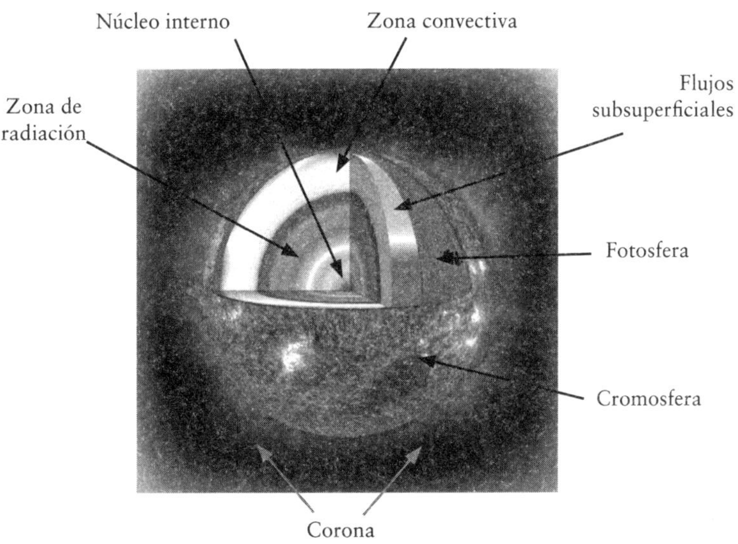


Desde el núcleo hasta la corona externa, el Sol
está formado por multitud de capas.

## *El épico viaje de la luz solar*

Imaginemos que cortamos el Sol por la mitad para ver sus capas. Justo en el centro veríamos el núcleo, que ocupa aproximadamente un cuarto del interior. Aquí, la presión gravitacional ejercida por el material que queda por encima eleva la temperatura y la presión a niveles lo suficientemente altos como para fusionar hidrógeno en helio a través del proceso de la cadena protón-protón. La temperatura alcanza unos asombrosos 15 millones de grados centígrados y la presión es tan enorme que el material del núcleo es más de trece veces más denso que el plomo.

La luz sale del núcleo y se dirige a la zona radiactiva, que se extiende hasta ocupar el 70 por ciento del diámetro del Sol. A medida que nos alejamos del núcleo, la temperatura va disminuyendo gradualmente hasta que alcanza un valor de aproximadamente 1,5 millones de grados centígrados en la parte más externa de la zona radiactiva. Si bien la densidad del material también va disminuyendo poco a poco, las partículas todavía están apelotonadas cerca del núcleo. En promedio, una partícula de luz no puede avanzar más de un centímetro antes de chocar contra algo, rebotar y ver alterada su trayectoria.

Si pudiésemos seguir el recorrido de una partícula de luz concreta (un fotón), tendríamos que esperar entre 100.000 y un millón de años para verla emerger de la alocada máquina de *pinball* que en realidad es el entorno de la zona radiactiva. Con frecuencia oímos decir que la luz solar que vemos tiene ocho minutos de antigüedad porque ese es el tiempo que tarda en recorrer la distancia que separa al Sol de la Tierra. Sin embargo, ese es el tiempo que tarda en viajar desde el borde externo del Sol, pero la luz no se crea ahí, sino en el núcleo. Para cuando llega a nuestros ojos, ya tiene más de 100.000 años. El paso de la luz a través de la zona convectiva es mucho más rápido. Por lo general, la energía solo tarda tres meses en salir de esta región. Cuando la luz ha alcanzado la zona convectiva es absorbida por el gas, lo que hace que este se caliente y se vuelva más ligero, por lo que se eleva hacia la superficie solar. Una vez ahí se enfría, se vuelve más pesado y se hunde de nuevo, desplazando a su vez materiales más cálidos en ascenso. Estos ciclos de convección transportan energía desde el borde interno de la zona de radiación hasta la fotosfera, la capa externa visible del Sol. A medida que los átomos del borde externo de la zona convectiva se enfrían, liberan energía en forma de luz, que ahora es libre de fluir hacia el espacio exterior e iluminar el sistema solar.

La próxima vez que sientas el calor del Sol sobre tu rostro y te bañes en esta luz que puede tener una antigüedad de más de un millón de años, dedica un momento a pensar en el colosal viaje que la energía ha tenido que realizar desde el núcleo del Sol hasta ti.

## Las capas externas

La estructura del Sol no termina en la fotosfera. Existen algunas otras regiones más externas que son mucho más tenues: la cromosfera y la corona. La cromosfera es la región en la que encontramos esos chorros de 500 kilómetros de largo llamados *espículas*. A cada momento se producen cientos de miles de ellas en el Sol.

La temperatura va descendiendo a medida que nos desplazamos desde el núcleo hasta la fotosfera, pero de repente, al alejarnos de esta región, empieza a aumentar nuevamente hasta alcanzar los 8.000 grados centígrados en la parte superior de la cromosfera. Después sigue aumentando a través de una estrecha franja de 100 kilómetros de ancho llamada *zona de transición*, llegando a los 500.000 grados centígrados en la base de la corona. Una vez dentro de esta región, las temperaturas alcanzan millones de grados centígrados. En realidad nadie sabe por qué de pronto el Sol empieza a calentarse de nuevo: el *problema del calentamiento de la corona* es una de las cuestiones más importantes de la investigación solar moderna.

Esta cuestión hace que los físicos solares quieran estudiar la corona tanto como sea posible, pero por lo general su naturaleza delicada hace que quede eclipsada por el resplandor de las capas inferiores. Tradicionalmente, teníamos que esperar a que se produjesen eclipses solares totales en los que la Luna bloquea convenientemente el resto del Sol. Sin embargo, hoy en día muchos telescopios espaciales modernos dedicados al estudio solar están equipados con coronógrafos, discos que bloquean el Sol para crear eclipses artificiales y así posibilitan que los astrónomos puedan estudiar la corona de manera rutinaria.

Estos «ojos» que apuntan hacia el Sol no solo detectan la luz visible, sino que también son sensibles a otras franjas del espectro electromagnético, entre ellas los rayos ultravioleta y los rayos X. Sus observaciones han revelado la existencia de agujeros coronales: regiones polares oscuras que no emiten demasiada radiación. Cuando se forman, pueden persistir durante meses, y son la fuente del viento solar de alta velocidad (ver página 88).

## *Campos magnéticos y rotación diferencial*

El Sol dista mucho de ser esa bola amarilla inmutable que aparece en el cielo. Es increíblemente dinámico y violento, y su hirviente superficie está siendo constantemente moldeada y esculpida por una intensa actividad magnética.

El Sol es como un imán gigante. Quizá recuerdes de la escuela el experimento tantas veces repetido de la barra imantada y las limaduras de hierro. Estas se alinean con las líneas invisibles del campo magnético que se extienden entre los polos norte y sur del imán. Tanto el Sol como la Tierra presentan un campo magnético similar entre sus polos. Nuestro campo magnético es razonablemente similar al de la barra imantada porque la Tierra gira como un planeta sólido (ver página 100). En cambio, el Sol es una turbulenta y agitada bola de gas sobrecalentado al que llamamos *plasma*. Al no tratarse de un cuerpo sólido, el Sol gira aproximadamente un 20 por ciento más rápido en el ecuador que en los polos. Los astrónomos llaman a este fenómeno *rotación diferencial*.

El resultado es que el campo magnético ecuatorial se ve arrastrado más rápidamente y «adelanta» al de los polos. Esto hace que el campo magnético general del Sol se vuelva mucho más complejo a medida que se va enredando y retorciendo. En el proceso, se va almacenando energía en las líneas del campo magnético (para visualizarlo, vendría a ser como enrollar un muelle o retorcer una banda elástica), y dicha energía acumulada se libera en forma de marcas y erupciones en la superficie solar.

## *Manchas solares*

Las manchas solares son una de las características más obvias del Sol. Se trata de manchas oscuras que a menudo aparecen en grupos. Galileo fue el primero en observarlas con un telescopio a principios del siglo XVII, pero los registros de manchas solares visibles a simple vista se remontan a más de dos mil años atrás, lo cual no debería extrañarnos si tenemos en cuenta que algunas manchas solares pueden crecer hasta ocupar más del 10 por ciento del diámetro total del Sol (es decir, hasta alcanzar unos 160.000 kilómetros de diámetro, el equivalente a 12,5 veces el ancho de la Tierra). Por lo general, las manchas solares duran varios días o semanas, pero las más persistentes pueden permanecer durante meses.

Las explicaciones propuestas para su origen han ido variando a lo largo de los años, desde tormentas en la atmósfera del Sol hasta marcas dejadas por el impacto de cometas kamikaze. Hoy sabemos que se trata simplemente de regiones más frías de la fotosfera. La temperatura promedio de la fotosfera es de unos 5.500 grados centígrados, mientras que la de una mancha solar se mueve mayormente entre los 3.000 y los 4.000 grados centígrados. En las regiones con manchas solares, los intensos campos magnéticos locales impiden que emane tanto calor como de costumbre desde la zona convectiva inferior. Por eso las manchas solares suelen aparecer en parejas, una por cada polo magnético.

Desde los tiempos de Galileo, los astrónomos han registrado en detalle el número de manchas solares y han encontrado un patrón distintivo: su número parece alcanzar un máximo después de aproximadamente once años, tras lo cual disminuye para, posteriormente, volver a au-

# ANNIE MAUNDER (1868-1947)

Natural de Irlanda del Norte, Maunder (cuyo apellido de soltera era Russell) estudió en Cambridge antes de convertirse en una de las «computadoras humanas» del Observatorio Real de Greenwich. Le encomendaron la tarea de tomar fotografías del Sol y realizar cálculos. Durante su estancia en Greenwich conoció a su colega astrónomo Walter Maunder, con quien contrajo matrimonio en 1895. Las expectativas sociales de la época implicaron que al casarse se viera obligada a renunciar oficialmente a su trabajo. Sin embargo, la pareja continuó trabajando conjuntamente con el objetivo de comprender el Sol y, más en concreto, las manchas solares. Examinaron los registros históricos de manchas solares y se dieron cuenta de que había una correlación entre una reducida cantidad de manchas solares y los períodos en los que la temperatura de la Tierra era más baja. Al período comprendido entre 1645 y 1715 se le conoce como el mínimo de *Maunder*, o más coloquialmente, como la *Pequeña Glaciación* o la *Pequeña Edad de Hielo*.

Maunder, gran comunicadora de temas relacionados con la astronomía para el gran público, fue una de las primeras mujeres elegidas como miembro de la Royal Astronomical Society después de que en 1916 se levantase la prohibición de que las mujeres formasen parte de esta institución. En la actualidad, la Royal Astronomical Society otorga anualmente la Medalla Annie Maunder a los grandes divulgadores de temas espaciales.

mentar lentamente. Los patrones de actividad de otros fenómenos solares (por ejemplo las erupciones solares o las prominencias y las eyecciones de masa coronal que veremos en las siguientes secciones) también siguen esta tendencia. Se necesitan unos once años de rotación diferencial para retorcer el campo magnético del Sol lo suficiente como para que se quiebre y «restalle», tras lo cual regresa a la situación inicial y comienza a enroscarse de nuevo.

Los astrónomos también han detectado otros patrones. El primero de ellos es la llamada *ley de Spörer*, así denominada en honor al astrónomo alemán Gustav Spörer. Al principio del ciclo de once años, las manchas solares aparecen en latitudes solares altas o bajas, es decir, lejos del ecuador solar. Sin embargo, a medida que avanza el ciclo, empiezan a aparecer cada vez más cerca del ecuador. Si las posiciones de las manchas solares se trazan en un gráfico a lo largo del tiempo, la forma obtenida recuerda a una mariposa, de ahí que a este gráfico se le conozca también como el *diagrama de la mariposa*. Por su parte, la ley de Joy, así llamada por el astrónomo estadounidense Alfred Joy, establece que es frecuente que un par de manchas concretas aparezcan inclinadas, con la mancha principal más cerca del ecuador solar.

### *Fulguraciones, prominencias y filamentos*

La mayoría de la gente piensa que no se puede mirar al Sol directamente. En la mayoría de los casos se trata de un buen consejo (ya que puede cegarnos muy rápidamente), pero sí que es posible mirar directamente al Sol con la ayuda de un telescopio solar especializado. Los grandes filtros que se colocan en la parte delantera de estos instrumentos reducen la intensidad de la luz y solo dejan pasar una pequeña fracción que no supone ningún problema para la vista.

Si tuviésemos ocasión de observar el Sol de este modo, es muy probable que, junto con las manchas solares, viésemos lo que parecen ser pequeñas llamaradas que recorren la superficie solar. Se trata de *prominencias solares*. Cuando las líneas del campo magnético solar estallan hacia el espacio arrastran consigo parte del gas caliente. Podría decirse que cuando más espectaculares resultan es cuando forman un arco que se eleva por encima de la fotosfera; el gas caliente sigue las líneas del campo magnético en su recorrido, primero alejándose del Sol y luego regresando hacia él. Pueden parecer pequeños, pero a veces se extienden por cientos de miles de kilómetros.

Lo que vemos exactamente depende del ángulo desde el que estemos observando. Imaginemos una prominencia saliendo directamente del Sol y dirigiéndose en línea recta hacia nosotros. En este caso, la veríamos desde arriba en lugar de lateralmente. Los astrónomos llaman a este tipo de imágenes *filamentos*. Parecen como serpientes que se arrastran por el disco solar. Al igual que ocurre con las manchas solares, parecen más oscuras porque lo que estamos viendo en realidad es una masa de gas más fría en relación con el fondo (la superficie caliente del Sol).

Es habitual referirse a las prominencias como *fulguraciones solares*, pero es un error, pues se trata de un tipo de fenómeno solar totalmente diferente. Como su propio nombre indica, las fulguraciones conllevan un resplandor repentino en una región concreta del Sol y un estallido de radiación. Las energías que se liberan pueden ser asombrosas: una sola fulguración puede liberar una energía equivalente a 1.000 millones de megatones de TNT. Para poner esta cifra en contexto, todos los explosivos utilizados en la Segunda Guerra Mundial, incluidas las bombas atómicas lanzadas sobre Hiroshima y Nagasaki, no equivalen a más de tres megatones de TNT.

Las fulguraciones solares suelen ir acompañadas de las explosiones más espectaculares que puede ofrecernos el Sol: las eyecciones de masa coronal (también llamadas CME, siglas inglesas de Coronal Mass Ejection).


## Eyecciones de masa coronal

En marzo de 1989, seis millones de personas de la provincia canadiense de Quebec quedaron sumidas en la oscuridad durante un apagón de nueve horas. Al mismo tiempo, las comunicaciones con los satélites meteorológicos quedaron interrumpidas y la aurora boreal dejó de ser un fenómeno propio de latitudes septentrionales, pues se pudo ver en zonas tan meridionales como Texas y Florida. Todos estos fenómenos tenían la misma causa: una eyección de masa coronal.

Estos violentos estallidos del Sol lanzan 1.000 millones de toneladas de material al espacio a una velocidad de más de un millón de kilómetros por hora, con lo que el sistema solar queda inundado de partículas cargadas. Si alcanzan la Tierra, nos vemos envueltos en una tormenta geomagnética que causa alteraciones en nuestro campo magnético y produce una corriente eléctrica adicional que dispara las redes eléctricas, inutiliza los satélites e intensifica las auroras boreales. El Sol emite una eyección de masa coronal cada tres o cinco días, pero, afortunadamente, la mayoría de ellas no alcanzan a nuestro pequeño planeta.

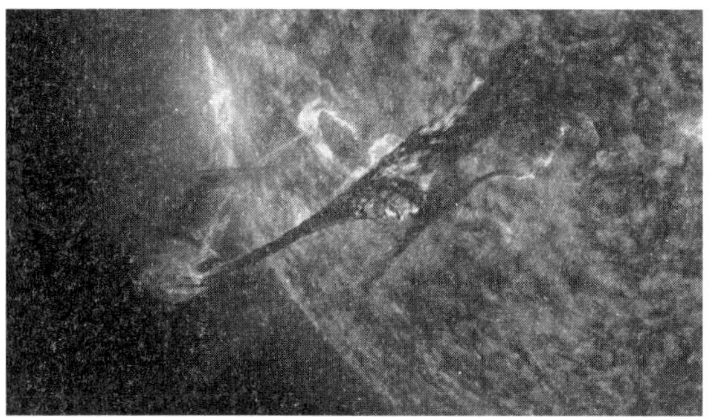

En agosto de 2012 el Sol desató una espectacular
CME de gran intensidad.

Una de las eyecciones de masa coronal más espectaculares que han alcanzado a la Tierra fue la del llamado *evento Carrington* de 1859, bautizado de este modo en honor al astrónomo inglés Richard Carrington. Por suerte, por aquel entonces nuestra infraestructura eléctrica estaba en pañales. El sistema de comunicación más avanzado en ese momento era el telégrafo eléctrico, y dejó de funcionar. Muchos operadores de telégrafos dijeron haber recibido descargas eléctricas. Si un fenómeno similar tuviese lugar hoy en día, los daños producidos se elevarían a billones y billones de dólares estadounidenses. Los aviones tendrían que permanecer en tierra hasta que la tormenta amainase. De hecho, los pilotos y las tripulaciones siguen estando clasificados como «personal que trabaja con radiación». Durante una tormenta solar mucho menos intensa que se produjo en 2003, cualquier persona que en ese momento se encontrase realizando un vuelo de Chicago a Beijing, habría estado expuesta al 12 por ciento de su límite de radiación anual. Como es lógico, hay un gran interés en poder predecir este tipo de sucesos.

Desearíamos disponer de una especie de parte del tiempo espacial, similar al que ya tenemos para la superficie terrestre. No podemos detener estos fenómenos, pero al menos podríamos minimizar el daño. Por el momento, cuando una tormenta se aproxima, no podemos saber si es peligrosa hasta unas pocas horas antes de que nos alcance. Hay quien ha comentado que en la actualidad el pronóstico del tiempo espacial se encuentra unos treinta o cuarenta años por detrás de su primo terrestre. No obstante, se están tomando medidas para que esta ventana de aviso pueda ampliarse a más de veinticuatro horas y luego incluso a varios días. Estos esfuerzos son cruciales: se cree que más o menos cada 150 años se produce una fulguración como la del evento Carrington de 1859. Es solo cuestión de tiempo que otra nos alcance.


## El viento solar

La maniobra se había ensayado una y otra vez: el paracaídas se abriría y un helicóptero estaría a la espera para ensartarlo, trayendo de vuelta de este modo al intrépido viajero en un aterrizaje limpio y suave. Pero las cosas no salieron como se esperaba. El 8 de septiembre de 2004, la sonda *Génesis* de la NASA atravesó la atmósfera y se estrelló directamente contra el suelo. Las fotos del lugar del accidente muestran a los pilotos de los helicópteros contemplando la escena con expresión consternada.

El paracaídas que debía actuar como ancla flotante no se abrió porque alguien había instalado el acelerómetro al revés. Casi toda la preciosa carga de la Génesis quedó contaminada y fue imposible usarla. Por fortuna, algunas muestras se recuperaron intactas. La sonda había sido lanzada tres años antes en un atrevido intento de capturar partículas del viento solar y traerlas a la Tierra para analizarlas. Se trataba de la primera misión de obtención de muestras desde la era de las misiones Apolo, y la primera en traer material de más allá de la órbita lunar.

La idea de que el Sol pudiese emitir partículas invisibles ya había sido planteada en 1859 por Richard Carrington, cuando se produjo la fulguración que lleva su nombre. Hoy sabemos que estas partículas cargadas —en su mayoría electrones y protones— emanan del Sol en todas direcciones a más de un millón de kilómetros por hora. Los vientos más veloces y rabiosos son los que proceden de aberturas de la corona solar. Las partículas viajan más allá de las órbitas de los planetas hasta encontrarse con vientos cruzados provenientes de otras estrellas (ver página 152).

Cuando el viento solar choca contra el campo magnético de la Tierra da lugar a la aparición de auroras en las regiones cercanas a los polos (ver página 101). Pero el viento solar dista mucho de ser una brisa serena y placentera; también tiene un gran poder destructor. Los astrónomos creen que en el pasado la atmósfera de Marte era mucho más gruesa, tanto como para posibilitar que hubiese agua líquida en su superficie. Sin embargo, al carecer de campo magnético, el viento solar ha ido desgastando lentamente su atmósfera, dejando al planeta prácticamente desnudo. Ahora, Marte es un páramo árido y seco (ver página 120).

# La Tierra

## *Formación y estructura*

La Tierra se creó a partir de escombros y desechos. Lo más destacable en esta parte del universo fue la formación del Sol hace unos 4.600 millones de años. Pero una cantidad sustancial de gas y polvo siguió girando en torno a la estrella recién nacida. Poco a poco, la gravedad fue agrupando este material en objetos más grandes llamados *planetesimales* (los elementos a partir de los cuales se formaron los planetas). Cada uno de ellos tenía un tamaño aproximado de un kilómetro de diámetro.

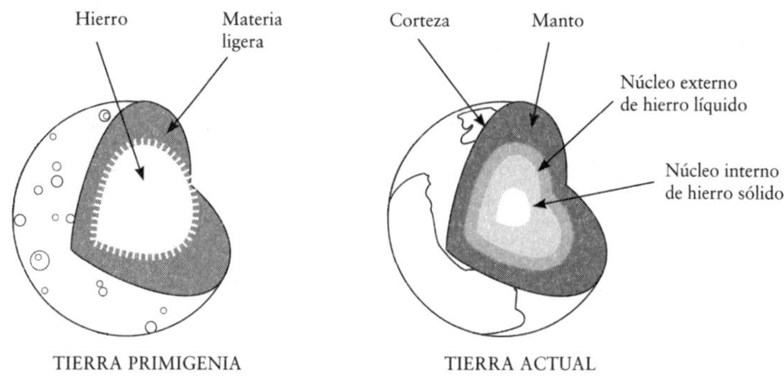


La Tierra primigenia estaba completamente fundida, lo que permitió que materiales pesados como el hierro se hundiesen hacia el núcleo.

Hace 4.560 millones de años, tan solo unos pocos cientos de millones de años después de la formación del Sol, algunos de estos trozos de roca y metal, al chocar unos contra otros, se aglutinaron y dieron lugar a la Tierra. El constante bombardeo de nuevos planetesimales, junto con la energía producida a partir de la desintegración radiactiva, mantuvo al planeta recién formado fundido. La gravedad redondeó la masa resultante confiriéndole una forma esférica.

Puesto que el planeta era una masa fundida, nada impedía que los materiales más pesados se hundiesen hasta el fondo. De ese modo, los materiales más ligeros terminaron flotando en la superficie. Los geólogos llaman a este proceso *diferenciación*. Después, a medida que la Tierra diferenciada se fue enfriando, se formó una corteza sólida sobre un denso núcleo de hierro y níquel.

Hoy en día el núcleo de nuestro planeta sigue estando compuesto de hierro y níquel. Se divide en dos partes: el núcleo interno y el externo. El núcleo interno es sólido, mientras que el externo está fundido debido a la inmensa fuerza de aplastamiento de todo el material que queda por encima de él. Las temperaturas en la zona que separa al núcleo interno del externo pueden alcanzar los 6.000 grados centígrados (tan caliente como la superficie del Sol). El núcleo interno y el externo constituyen el 55 por ciento del interior del planeta y están rodeados por el manto, el cual está compuesto de una masa de roca semifundida llamada *magma*. Por encima del manto se encuentra la corteza, la superficie de la Tierra, en la cual vivimos. Con tan solo 60 kilómetros de profundidad en su parte más gruesa, la contribución de la corteza al diámetro total de la Tierra no llega ni al 0,5 por ciento. Si redujésemos nuestro planeta al tamaño de una manzana, el espesor de la corteza equivaldría a la piel de la fruta.

*Los océanos y la atmósfera*

La característica más llamativa de nuestro planeta azul es su gran abundancia de agua. Más del 70 por ciento de la superficie de la Tierra está cubierta de $H_2O$ líquido y todos los seres vivos que en ella habitan, desde la más diminuta bacteria hasta la ballena azul más voluminosa, dependen de ella para sobrevivir. El agua que pudiese estar presente en las etapas iniciales de la formación terrestre se habría evaporado debido a las temperaturas infernales de esas primeras fases, por lo que lo más probable es que el agua se añadiese a la superficie posteriormente. Pero ¿de dónde provino?

Es posible que se generase muy por debajo de la corteza, en el manto. El hidrógeno líquido y el cuarzo pudieron reaccionar y formar agua líquida que luego quedaría atrapada dentro de las rocas. En 2014 se descubrió un depósito de agua a 700 kilómetros bajo tierra con el que se podría llenar tres veces la superficie de los océanos. Con el tiempo, el vapor de agua probablemente escapó a través de las grietas de la corteza. Luego, a medida que el planeta se fue enfriando, el vapor se condensó en forma líquida y la lluvia llenó las cuencas bajas.

Otra posible fuente de agua es el espacio exterior: pudo haber llegado en los asteroides y cometas que se estrellaron contra nuestro planeta. Pero esta idea presenta ciertos problemas. El análisis de los cometas sugiere que muchos de ellos contienen un tipo de agua distinto al de nuestros océanos (ver página 130). Si el agua hubiese llegado hasta nosotros por medio de asteroides, la atmósfera debería tener una concentración de xenón mucho más elevada. Así pues, la respuesta a este interrogante se sigue debatiendo.

El origen de la atmósfera está un poco más claro, pero en sus comienzos su composición era muy diferente a la actual. Los primeros gases que rodearon la Tierra primigenia fueron liberados desde las profundidades del planeta por la actividad volcánica. Se trataba principalmente de dióxido de carbono, mezclado con monóxido de carbono, sulfuro de hidrógeno y metano. No había oxígeno libre. En aquella época, todo el oxígeno que había en la atmósfera estaba encerrado dentro del agua ($H_2O$) y de compuestos de silicio rocosos como el dióxido de silicio ($SiO_2$).

Entonces, hace unos 3.000 millones de años, todo cambió rápidamente cuando unos organismos microscópicos llamados *cianobacterias* empezaron a proliferar en los océanos. A través de la fotosíntesis procesaban carbono, agua y luz solar, y producían oxígeno libre. La acumulación de oxígeno en la atmósfera causó una de las mayores extinciones masivas de la historia de la Tierra, ya que el oxígeno era tóxico para la gran mayoría de las formas de vida existentes. Solo sobrevivieron los organismos que fueron capaces de adaptarse a este cambio brutal de la composición de la atmósfera. Nosotros somos los descendientes de esos supervivientes. Hoy, el oxígeno es el segundo elemento más abundante de la atmósfera (21 por ciento), solo detrás del nitrógeno (78 por ciento).


## Las placas tectónicas

La gran cordillera del Himalaya que refuerza la zona de unión entre la meseta tibetana y el subcontinente indio es una de las maravillas naturales de este planeta. Cada año, miles de personas se sienten atraídas por la majestuosidad del Everest. Los que intentan escalar hasta la cumbre del pico más alto del mundo se cuentan por centenares.

Sin embargo, en comparación con la edad de la Tierra, los Himalayas son muy jóvenes. La mayoría de las estimaciones sitúan su formación hace tan solo 50 millones de años. La masa terrestre que ahora conforma en su mayor parte la India tuvo que recorrer un largo camino antes de acabar donde está. Se desgajó de un antiguo continente conocido como Gondwana y empezó a desplazarse hacia el norte. Antes de continuar su viaje hacia Asia, dejó lo que hoy es la isla de Madagascar al lado de África. Avanzando a una velocidad de unos 20 centímetros al año, acabó estrellándose frontalmente contra el continente más grande del planeta, lo que dio lugar a la creación de la cordillera más alta del mundo.

Este considerable movimiento de masa terrestre únicamente es posible porque la corteza de nuestro planeta está formada por una serie de placas tectónicas que flotan en un océano líquido de roca fundida. Las fuertes corrientes subterráneas hicieron que la placa india se separase de Gondwana y se dirigiese hacia el norte. Al encontrarse con la placa euroasiática, la placa india se metió por debajo de esta, forzando así que sus materiales se elevasen y forjando de este modo la cordillera del Himalaya. Se trata de un proceso que dista mucho de haber concluido. La colisión tan solo ha ralentizado el avance de la placa india, pero todavía sigue desplazándose hacia el norte, lo que hace que los Himalayas se eleven un par de centímetros cada año.

Pero las placas tectónicas no son solo una curiosidad geológica. Muchos científicos creen que desempeñaron un papel crucial en el desarrollo de la vida en la Tierra. A fin de cuentas, es el único planeta en el sistema solar que las tiene.

# ALFRED WEGENER (1880-1930)

Si observamos la superficie de la Tierra nos daremos cuenta de que se asemeja a un rompecabezas gigante. La masa terrestre que sobresale de la parte superior derecha de América del Sur encaja perfectamente en el hueco de la parte occidental de África. El físico alemán Alfred Wegener se dio cuenta de esto y llegó a la conclusión de que se trataba de algo más que una simple coincidencia. Esto le llevó a publicar, en 1911, su teoría de la deriva continental, según la cual en el pasado ambos continentes habían sido uno solo. Sin embargo, su tesis no fue recibida con demasiado entusiasmo. Los científicos de la época no podían creer que tales enormes masas de tierra pudiesen desplazarse, y Wegener no tenía forma de explicar por qué se movían.

Habría que esperar hasta los años 50 y 60, mucho después de que Wegener hubiese fallecido en una expedición a Groenlandia, para encontrar pruebas que sustentasen sus planteamientos. Los investigadores pudieron comprobar que el fondo marino se va haciendo más ancho con el tiempo, a medida que la actividad volcánica crea nueva corteza oceánica. Tras este descubrimiento, no tardó en aparecer la teoría de la tectónica de placas, que finalmente proporcionó un mecanismo para explicar la idea original de Wegener de la deriva continental.

En los márgenes de las placas suelen formarse volcanes, lo que posibilita que los gases atrapados bajo la superficie del planeta —en especial el dióxido de carbono— escapen a la atmósfera. Este dióxido de carbono adicional contribuyó a elevar la temperatura durante las glaciaciones. Por otra parte, el movimiento de las placas también puede atrapar el exceso de dióxido de carbono y evitar así que el planeta se sobrecaliente.

Debido a esto, cuando los astrónomos buscan vida en otras partes del universo, no solo tratan de encontrar planetas que tengan la misma temperatura que el nuestro, sino también aquellos que cuenten con placas tectónicas para mantener esa temperatura dentro de los límites compatibles con la biología.

## Las mareas

En el extremo noreste del golfo de Maine, en la ondulante costa atlántica de América del Norte, hay una ensenada muy particular llamada bahía de Fundy. Dos veces al día, más de 100.000 millones de toneladas de agua entran y salen de la bahía. Para poner esta cifra en contexto, eso equivale a una cantidad de agua mayor que la que fluye a través de todos los ríos de agua dulce de la Tierra.

¿Cuál es la causa de este movimiento de agua tan colosal? La gravedad, y más específicamente, la atracción gravitacional de la Luna —y, en parte, también la del Sol—, que provoca enormes mareas que suben y bajan alrededor del planeta todos los días. Las masas rocosas de la Tierra también se ven arrastradas por esta fuerza, pero, comparativamente hablando, el agua tiene mucha más libertad de movimiento. En la bahía de Fundy, este efecto es particularmente extremo, pues aquí el rango de la marea varía entre los 3,5 y los 16 metros. Dicho de otro modo, el agua llega a elevarse más que la altura de un edificio de cuatro pisos.

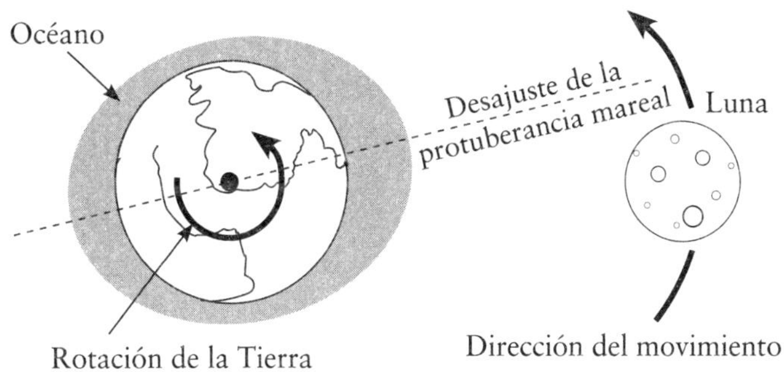


La gravedad de la Luna hace que se forme una protuberancia mareal en el lado de la Tierra que mira hacia ella.

Funciona de este modo: cuando la parte del mundo en la que nos encontramos está situada frente a la Luna, las aguas locales se ven atraídas hacia ella, por lo que abandonan aquellas otras regiones del globo que quedan en ángulo recto con respecto a nuestra posición. En ese momento observamos una marea alta, mientras que en esas otras regiones se produce una marea baja. La Luna no tira con tanta fuerza del agua en el lado opuesto del planeta porque está más lejos. No obstante, aquí también se produce una marea alta debido a la fuerza centrífuga que genera la rotación de la Tierra (la misma fuerza que nos empuja hacia el costado del coche cuando tomamos una curva cerrada). Ese es el motivo por el que en la mayoría de los puntos de la Tierra se producen dos mareas altas y dos mareas bajas cada día: la rotación del planeta nos lleva a través de esas cuatro regiones en cada período de veinticuatro horas.

Merece la pena detenernos un momento a reflexionar sobre lo que ocurre realmente. Si alguna vez has estado en la playa y has visto cómo baja la marea, lo más probable es que pienses que era el agua la que se alejaba de ti, pero no es eso lo que sucede en realidad. En su mayor parte, el agua se queda donde está, ya que está siendo «sostenida» o «retenida» bien por la atracción de la Luna, bien por la fuerza centrífuga. Somos nosotros los que nos estamos moviendo: la rotación de la Tierra hace que salgamos de la zona de la protuberancia de marea. ¡Somos nosotros y la playa los que nos estamos alejando del agua!

## Las estaciones

Uno de los aspectos más hermosos de nuestro planeta es la variación estacional. En primavera, las flores brotan del suelo en un estallido de color y se alzan hacia el cielo. Cuando llega el otoño, las hojas caen y recorren el camino inverso. Mucha gente comete el error de pensar que los cambios de temperatura que se producen durante el año se deben a la distancia del Sol, suponiendo que tal vez estemos más cerca en verano y más lejos en invierno. Pero lo cierto es que las estaciones son consecuencia de la inclinación de la Tierra. Nuestro planeta no se asienta verticalmente, sino que está inclinado 23,4 grados con respecto al plano de su órbita. Esto significa que en junio el hemisferio norte se inclina hacia el Sol y la gente de esas regiones disfruta de un clima más cálido y de días más largos. Por su parte, quienes viven dentro de los límites del círculo polar ártico experimentan un día perpetuo: son zonas tan inclinadas hacia el Sol que este nunca se pone. Al mismo tiempo, el hemisferio sur se aleja del Sol, por lo que resulta más difícil encontrar luz y calor en estas latitudes: aquí es invierno y la Antártida se sumerge en una noche perpetua.

Seis meses después, la Tierra está en el lado opuesto respecto al Sol y los papeles se invierten. Ahora quienes se encuentran por debajo del ecuador están desempolvando la barbacoa, mientras que los del hemisferio norte sacan el jersey del armario. El Ártico se sume en la penumbra y la Antártida está permanentemente iluminada.

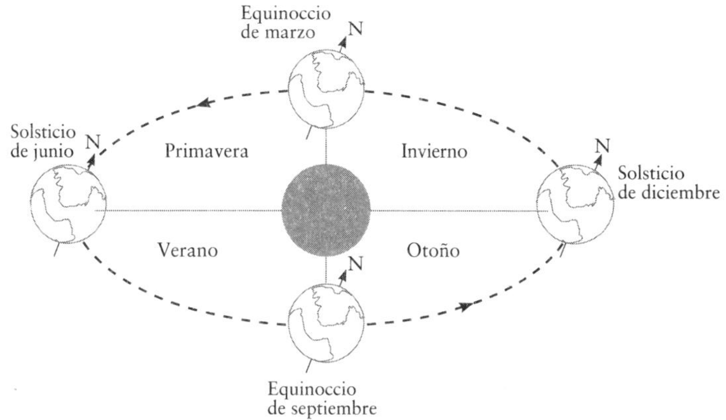


Las estaciones se deben a la inclinación de la Tierra; algunos puntos del planeta se «escoran» hacia el Sol mientras que otros se alejan de él.

Los días más largo y más corto del año (en junio y diciembre) se llaman *solsticios*. Justo entre estas dos fechas se alcanza un punto en el que ninguno de los dos hemisferios está inclinado hacia el Sol. En estos días de marzo y septiembre —que se conocen como *equinoccios*— todo el planeta experimenta las mismas horas de luz diurna y nocturna.

Deberíamos estar agradecidos de que la inclinación de nuestro planeta sea razonablemente pequeña. Si el ángulo fuese más pronunciado, la variación estacional sería mucho más drástica y nos costaría mucho más adaptarnos. Además, gracias a la Luna, la inclinación de la Tierra permanece estable y las estaciones son predecibles. El eje de Marte, por ejemplo, al carecer de una gran Luna que actúe como ancla, oscila violentamente debido a la fuerza gravitacional de los otros planetas, lo que se traduce en largos inviernos e intensos veranos, cambiantes y desiguales.

### El campo magnético

El viaje que realizan las tortugas marinas hembra es extraordinario. Nacen en la playa, corren hacia el mar y migran más de 2.000 kilómetros para encontrar zonas ricas en alimento. Sin embargo, una vez que alcanzan la madurez, regresan a la misma playa en la que nacieron. ¿Cómo es posible que recuerden el lugar exacto del que provienen? Por lo que parece, la respuesta es que usan el campo magnético de la Tierra.

En las profundidades de las entrañas de nuestro planeta, el hierro fundido fluye en el núcleo externo debido al movimiento de rotación. Estas corrientes producen el campo magnético terrestre. Este campo fluye hacia el espacio exterior por la parte superior del planeta, traza un bucle y regresa por el extremo opuesto. Sin embargo, cuando hablamos de *polos*, las cosas no son tan sencillas, pues la Tierra tiene tres polos norte y tres polos sur.

En primer lugar, está el polo norte geográfico, el punto físico de la parte superior del planeta que coincide con la línea imaginaria de su eje de rotación. Es bastante fijo, pues solo se desplaza unos pocos metros al año en un ciclo repetitivo.

   **UNIVERSO**

Luego está el polo norte magnético, el punto hacia el que apuntan las brújulas. En este lugar, una brújula cuya aguja magnética pudiera moverse libremente en sentido vertical apuntaría directamente al suelo. El polo norte magnético es muy variable debido a los cambios que se producen en el núcleo externo de la Tierra. Hasta hace poco se encontraba en Canadá, pero ahora se está desplazando por el Ártico hacia Siberia. En la actualidad, los polos geográfico y magnético están desalineados en un ángulo de unos diez grados.

Por último, tenemos el polo norte geomagnético, que indica el lugar en el que estaría el polo norte magnético si colocásemos una enorme barra imantada en el centro de la Tierra. En realidad, el campo magnético de nuestro planeta es mucho más complicado que una simple barra imantada. Como es lógico, estos tres puntos del polo norte tienen sus equivalentes correspondientes en el hemisferio sur.

Resulta difícil imaginar cómo hubiese podido prosperar la vida en la Tierra si no hubiese contado con este campo magnético, pues actúa como un campo de fuerza gigante que desvía las radiaciones nocivas provenientes del Sol y del espacio profundo. Nos protege del viento solar, que de otro modo barrería la capa de ozono y nos dejaría expuestos a una cantidad mucho mayor de rayos ultravioleta procedentes del Sol.

## Las auroras boreales

Con cierta regularidad puede verse en el cielo de las zonas cercanas al polo norte una vasta cortina de luz verdosa que resplandece y hace piruetas en todas direcciones. Son las *auroras boreales* (conocidas en inglés como *northern lights*, «las luces del norte»). El mismo efecto puede observarse también en las inmediaciones del polo sur, pero en este caso se denominan *auroras australes*. Pueden ir acompañadas de una sorprendente variedad de sonidos, entre los que se incluyen silbidos, estallidos, crujidos y golpes sordos, y constituyen un bellísimo y asombroso recordatorio de que nuestro planeta no está aislado en el espacio, sino que está íntimamente relacionado con su estrella. Estamos inmersos constantemente en una lluvia de viento solar, las ráfagas de partículas cargadas que emanan del Sol. La interacción que se produce entre el viento solar y el campo magnético de la Tierra hace que las partículas cargadas se aceleren hacia los polos siguiendo las líneas del campo magnético del planeta. Una vez ahí, impactan contra la atmósfera encima de nuestras cabezas y confieren a los átomos del aire una energía adicional. Las auroras se producen cuando estos átomos liberan esa energía recién adquirida en forma de luz.

Por lo general, el efecto se limita a una cierta región alrededor de cada polo magnético, zonas que se conocen con el nombre de *óvalos aurorales*. Sin embargo, una tormenta geomagnética —como las producidas por las eyecciones de masa coronal— puede saturar el campo magnético y hacer que los óvalos aumenten considerablemente. Durante la fulguración del evento Carrington de 1859, marineros de la zona del Caribe dijeron haber visto un fantástico despliegue de luces y colores en el cielo. Al no haber navegado nunca antes por las inmediaciones de los polos, no tenían ni idea de lo que era. El resplandor era tan brillante sobre las Montañas Rocosas que los mineros se despertaron creyendo que ya era de día. Hasta en el África subsahariana se pudo disfrutar del espectáculo.

Las auroras suelen ser de tonos verdosos porque ese es el color que emite el oxígeno a bajas altitudes, donde es más abundante y donde las auroras son más fácilmente visibles. Las bandas luminosas de tonos rojizos representan la luz emitida por el oxígeno en los ambientes más calmados, propios de zonas mucho más altas de la atmósfera. Cuando aparecen bandas azules son debidas a interacciones con el nitrógeno.

La Tierra no es el único planeta del sistema solar en el que hay auroras, pues se ha detectado el mismo efecto en Marte, Júpiter y Saturno.


## Meteoritos y estrellas fugaces

Hace varios millones de años un impacto en Marte desgajó parte de la superficie marciana y la expulsó al espacio. De algún modo, este fragmento logró cubrir los 225 millones de kilómetros que cruzan el vacío hasta la Tierra, atravesar la atmósfera e incrustarse en la tundra antártica convertido en un meteorito. En el registro mundial de meteoritos, estos intrusos marcianos son excepcionalmente raros, pues representan menos del 0,5 por ciento del total. Los meteoritos procedentes de la Luna son algo más frecuentes, pero la gran mayoría de los meteoritos provienen de la familia de asteroides del Sol (pequeños trozos de roca y metal que han quedado de la formación del sistema solar). Y ese es también su mayor atractivo, pues la mayoría son anteriores a la formación de la Tierra misma, por lo que nos aportan valiosísimas pistas sobre cómo se formaron el Sol y los mundos que orbitan en torno a él.

El nombre que recibe un fragmento concreto de escombro espacial depende del lugar en el que se encuentre. Un pequeño trozo de roca que sigue en el espacio se llama *meteoroide*. Cuando atraviesa alguna atmósfera, el término adecuado pasa a ser *meteoro*, pero solo se denomina *meteorito* si consigue alcanzar intacto la superficie de algún mundo.

Cuando caen muchos meteoros a la vez, forman un espectáculo deslumbrante llamado *lluvia de meteoritos*: la aparición repentina de una gran cantidad de «estrellas fugaces». Durante su periplo alrededor del Sol, la Tierra se abre paso periódicamente a través de restos de polvo espacial que los cometas esparcen a su paso por el sistema solar. Cuando estas pequeñas partículas —a menudo no más grandes que un grano de arena— refulgen incandescentes debido a la fricción con la atmósfera, vemos como dejan su resplandeciente trazo en el cielo.

Una de las lluvias de meteoritos más espectaculares es la de las Perseidas, que tiene lugar en agosto. En lugares oscuros y alejados de las intrusivas luces de la ciudad se puede ver un meteoro por minuto iluminando el cielo nocturno. Se trata de un recordatorio anual de que el sistema solar está compuesto por mucho más que planetas.


### *Los satélites y la Estación Espacial Internacional*

El 4 de octubre de 1957 fue un día memorable en la historia de la humanidad. El satélite soviético Sputnik 1 se convirtió en el primer objeto artificial que orbitaba alrededor de la Tierra. Tres meses después hizo su reentrada en la atmósfera y ardió. Desde entonces, los satélites han transformado la forma en que vivimos. Las estaciones meteorológicas espaciales registran las condiciones climáticas, los satélites espías vigilan a los enemigos, los satélites de televisión llevan hasta nuestros hogares los últimos éxitos televisivos y el GPS (siglas de Global Position System, «sistema de posicionamiento global») nos ayuda a encontrar nuestro camino.

Hay unos mil satélites operativos ahí arriba, pero no todo lo que está en órbita resulta útil. En este momento, hay más de 21.000 objetos de más de 10 centímetros de ancho revoloteando alrededor de nuestro planeta. Si nos fijamos en los objetos con diámetros entre 1 y 10 centímetros, la cifra se dispara a medio millón. La mayor parte es basura espacial, escombros procedentes de satélites y misiones espaciales que han quedado flotando en un creciente enjambre de basura.

Esto supone un grave problema para el satélite artificial más grande de la Tierra: la Estación Espacial Internacional (EEI). Tiene el tamaño de un campo de fútbol y es el hogar de una tripulación de seis astronautas provenientes de todo el mundo. Orbita a unos 400 kilómetros sobre la Tierra, pero esa órbita ha tenido que ser alterada ligeramente en varias ocasiones para esquivar grandes fragmentos de basura espacial. El casco exterior, sobre todo en la zona de los paneles solares, muestra las cicatrices de los impactos de detritos más pequeños.

Normalmente los astronautas son reemplazados cada seis meses, pero la Estación Espacial Internacional lleva siendo habitada de forma permanente desde el año 2000. Tan solo tarda 92 minutos en completar una órbita alrededor de la Tierra, por lo que cada día la tripulación puede disfrutar de dieciséis puestas de Sol y dieciséis amaneceres.

Además, desde ahí arriba gozan de unas vistas espectaculares de la Tierra; desde su privilegiada perspectiva, pueden contemplar esas ciudades nuestras que crecen descontroladamente, o intensas tormentas eléctricas, y, por supuesto, cuentan con un asiento en primera fila para disfrutar de las auroras.

Además de ser un referente de cooperación internacional, la Estación Espacial Internacional está diseñada para aportarnos datos sobre el efecto que tienen las largas estancias en el espacio sobre el cuerpo humano. En última instancia, usaremos las lecciones aquí aprendidas para enviar personas a Marte.

# La Luna

## *Formación*

Nuestra luna es un bicho raro. Si comparamos el tamaño de los distintos satélites del sistema solar con el de sus respectivos planetas, la relación Tierra-Luna está muy por delante de los demás. El diámetro de la Luna representa casi el 28 por ciento del de la Tierra. Tritón, el satélite más grande de Neptuno, es, en proporción, la siguiente luna más grande, con tan solo un 5 por ciento del ancho de su huésped. Tenemos la quinta luna más grande del sistema solar, pero la Tierra tan solo es el quinto planeta más grande. Eso significa que es muy poco probable que la Luna se haya formado en otro lugar y posteriormente haya sido capturada gravitacionalmente por la Tierra. Simplemente es demasiado grande para eso. George Darwin —el hijo de Charles Darwin— creía que la Luna se había desprendido de la Tierra, dejando en su separación el espacio libre de tierra que ahora ocupa el océano Pacífico.

Hoy, la tesis predominante sobre su origen es que en su juventud la Tierra recibió el impacto de un planeta del tamaño de Marte. Los astrónomos llaman Theia a este mundo perdido y se refieren a la calamitosa colisión producida entre ellos como la *teoría del gran impacto*. Se cree que tuvo lugar tan solo entre 50 y 100 millones de años después de la formación de la Tierra. La colisión envió al espacio un anillo de detritos que quedaron orbitando en espiral, hasta que finalmente la gravedad aglutinó todos esos materiales, dando lugar a la Luna. Si condensásemos la historia de la Tierra en un solo día, la Luna se formó cuando aquella tenía tan solo diez minutos de edad.

Un evento así explicaría por qué la Luna tiene un núcleo tan inusualmente pequeño y por qué es menos densa que la Tierra. Los materiales más pesados de Theia permanecieron cerca de la Tierra, mientras que los fragmentos más ligeros fueron arrojados hacia el exterior y, con el tiempo, dieron origen a la Luna. La densidad de la Tierra es la más alta de todos los planetas del sistema solar, lo que tiene sentido si tenemos en cuenta los materiales adicionales que recibió de Theia después de su formación. Un gigantesco impacto también explicaría por qué la Luna parece haberse fundido en el pasado: las violentas colisiones que se habrían producido entre los fragmentos del anillo podrían haber causado la fusión de la roca.

Otras evidencias que sustentan esta hipótesis las encontramos en las rocas lunares que las misiones Apolo trajeron a la Tierra. Se han realizado simulaciones por ordenador que sugieren que la Luna se formó principalmente a partir de materiales provenientes de Theia, por lo que deberían existir diferencias apreciables entre las rocas terrestres y las lunares. En 2014, los científicos dieron a conocer que habían encontrado una mezcla ligeramente diferente de tipos de oxígeno en las muestras recogidas por las misiones Apolo.


## Cráteres, mares y fases

Si echas un vistazo a un mapa de la Luna verás que está lleno de lugares con nombres poéticos como el mar de los Sueños, la bahía de los Arcoíris o el lago de la Felicidad, pero lo cierto es que se trata de un entorno sumamente hostil en el que prácticamente no hay atmósfera. El peso total de las tenues capas de gas que cubren la Luna es menor que el de cinco elefantes.

La superficie que la caracteriza está cubierta de extensas manchas oscuras a las que nos referimos como *mares*. Vistas desde la Tierra, recuerdan vagamente a una cara, de ahí el famoso «hombre en la Luna». Sin embargo, no son ni han sido nunca mares de agua, sino enormes cubetas de lava fundida formadas durante el tumultuoso nacimiento de la Luna, que posteriormente se enfriaron y se solidificaron. Los mares están salpicados con miles de cráteres, profundas cicatrices en forma de cuenco dejadas por los impactos que la superficie lunar recibió durante miles de millones de años.

La forma que la Luna presenta en nuestro cielo cambia de forma periódica. Eso se debe a que no tiene luz propia, sino que actúa como un espejo gigantesco que refleja la luz del Sol hacia nosotros. La cantidad de luz reflejada que vemos depende de la posición de la Luna en su órbita alrededor de la Tierra. Cuando está situada entre nosotros y el Sol, toda la luz incide en el lado opuesto de la Luna y rebota alejándose de nosotros. A eso lo llamamos *luna nueva*. A medida que la Luna se va desplazando hacia el lado opuesto del planeta, vemos gradualmente una mayor parte de su superficie iluminada hasta que, unas dos semanas después, refleja hacia la Tierra toda la luz solar que incide en ella. En ese caso decimos que hay *luna llena*. Después, la Luna continúa su ciclo y vamos perdiendo su luz a medida que refleja cada vez menos luz solar.

## El acoplamiento de marea

El hecho de que solo veamos una cara de la Luna lleva a muchos a pensar que no gira, pero aunque esto pueda parecer una conclusión lógica, lo cierto es que rota sobre sí misma. La Luna completa un giro sobre su propio eje exactamente en el mismo tiempo que tarda en completar una órbita alrededor de la Tierra: 27,3 días.

Para comprender cómo funciona este fenómeno, coge algún objeto que haga las veces de la Tierra y ponlo en el suelo. Colócate frente a él y luego muévete en círculo, pero siempre mirando hacia dentro, hacia el objeto. Cuando vuelves al punto de partida no solo has dado una vuelta a la Tierra, sino que también has girado una vez sobre ti mismo. Para convencerte de esto, repite el experimento, pero ahora presta atención a las paredes de la estancia en la que te encuentras que ves a medida que das la vuelta. Comprobarás que, una a una, irás teniendo frente a ti cada una de las cuatro paredes, tal como harías si estuvieses dando vueltas sobre ti mismo en un punto fijo.

La Luna se comporta de esta manera porque está ajustada o acoplada marealmente a la Tierra. Al principio, la Luna giraba mucho más rápido de lo que tardaba en completar una órbita alrededor de la Tierra, pero la gravedad de nuestro planeta tiraba de ella ligeramente en la dirección de la línea que une ambos cuerpos. Esto ocasionó que fuese un poco más panzuda en un lado que en otro; es decir, se formó una protuberancia mareal. A partir de ese momento, la gravedad terrestre fue más intensa en la zona de la protuberancia, por lo que el período de rotación de la Luna fue disminuyendo de forma gradual hasta sincronizarse con su período orbital.

La serie de las distintas fases de la Luna tarda un poco más en completarse que su período orbital de 27,3 días. Entre una luna llena y la siguiente transcurren 29,5 días. Esto se debe a que para que podamos presenciar una luna llena, la Tierra, la Luna y el Sol han de estar alineados. Mientras la Luna está ocupada girando en torno nuestro, nosotros también estamos orbitando alrededor del Sol. A la Luna le lleva un par de días recuperar esa distancia extra que hemos recorrido alrededor del Sol en un mes y volver a alinearse.

El acoplamiento de marea es un fenómeno muy frecuente en el universo. Muchas de las lunas de Júpiter y Saturno están acopladas marealmente a su planeta. Algunos planetas de otros sistemas solares también están acoplados marealmente a sus estrellas anfitrionas.

En la actualidad, los astrónomos están inmersos en un enardecido debate sobre si es posible o no que exista vida en estos mundos en los que un lado está cocido de calor mientras el otro se estremece de frío en la oscuridad (ver página 193).

## *La importancia de la Luna para la vida en la Tierra*

Existen tantas leyendas y relatos culturales que hacen referencia a la Luna, muchos de los cuales datan de miles de años atrás, que resulta complicado separar la realidad científica de la mera superstición. Encontramos la idea de que la Luna afecta directamente al comportamiento de los seres humanos en los relatos de hombres lobo o de «lunáticos», personas a las que, literalmente, la Luna ha trastornado. Algunas matronas afirman que las salas de partos están más concurridas cuando hay luna llena. Sin embargo, no existen evidencias rigurosas que respalden este tipo de afirmaciones.

La mayoría de estas creencias echan mano de la atracción gravitacional de la Luna: alegan que es más intensa cuando hay luna llena y concluyen que esto tiene un efecto en el agua de nuestro cuerpo, pero lo cierto es que el momento en el que la Luna está más cerca de la Tierra rara vez coincide con una luna llena. De hecho, es igualmente probable que coincida con una luna nueva. Sin perder de vista estas salvedades, es cierto que la Luna ha influido enormemente sobre la vida en la Tierra. Muchos científicos creen que sin nuestra vecina más cercana, sencillamente no estaríamos aquí para poder contemplarla y maravillarnos ante su hermosura.

Ya hemos visto cómo contribuye a la estabilización de las estaciones (ver página 100), pero también podría haber jugado un papel esencial en el inicio de la vida en este planeta. La Luna se formó unas quince veces más cerca de la Tierra de lo que está ahora, por lo que su fuerza gravitatoria generó mareas colosales que hicieron que el agua penetrase cientos de kilómetros tierra adentro con una frecuencia mucho mayor que las mareas actuales. Algunos investigadores creen que la vida empezó en estas zonas intermareales, en las que la interacción de tierra y mar propiciaría la aparición de un medio en el que los componentes básicos de la biología fuesen capaces de producir seres vivos.

La Luna también está frenando a nuestro planeta. Hace 1.000 millones de años, el día duraba 18 horas. Ahora dura 24 porque la Tierra está perdiendo de forma gradual energía rotacional debido a la fricción que se produce entre la masa terrestre y los océanos: la masa terrestre empuja tratando de poner en rotación masas de agua «ancladas» por la gravedad de la Luna (ver la imagen de la página 97). Esta transferencia de energía a los océanos ayuda a transportar calor del ecuador a los polos, lo que hace que el rango de temperaturas de la Tierra sea considerablemente más reducido. Así pues, una vez que apareció la vida, la Luna contribuyó a mantener las condiciones favorables para que pudiese evolucionar y diversificarse.

Una consecuencia de la desaceleración de la Tierra es que la Luna se aleja de nosotros, lo que significa que las mareas son menos prominentes de lo que solían ser, y esta es otra razón por la que ahora las condiciones en el planeta son más estables. Podemos medir la velocidad a la que la Luna se aleja de nosotros gracias a los aparatos que dejaron en la Luna los astronautas de las misiones Apolo.


### Las misiones Apolo

«Luces de contacto. Muy bien, apagamos los motores.» Estas simples palabras marcaron el inicio de un período extraordinario en la historia de la humanidad. A sus treinta y ocho años, el astronauta Neil Armstrong acababa de aterrizar manualmente el módulo *Eagle* en la Luna después de un descenso espeluznante sobre un campo plagado de rocas de considerable tamaño. En ese momento les quedaba menos de un minuto de combustible. Como es lógico, al oír estas palabras, el centro de control se sintió profundamente aliviado. «Te recibimos sobre el terreno. Has hecho que estuviésemos a punto de ponernos morados, pero ahora ya hemos recuperado el aliento.»

Edwin «Buzz» Aldrin en la Luna durante la misión Apolo 11.
Se puede ver a Neil Armstrong, autor de la foto, reflejado en su visor.

Unas horas más tarde, Armstrong descendió por la escalerilla y se convirtió en el primer ser humano en pisar otro mundo. Ese día, el 20 de julio de 1969, sigue constituyendo uno de los grandes ejemplos de lo que somos capaces de lograr cuando nos lo proponemos. En los tres años siguientes, la NASA logró aterrizar con éxito otras cinco naves y poner a otros diez hombres en la Luna. La única misión que tuvo que ser suspendida fue la del Apolo 13, pues uno de los tanques de combustible del cohete explotó e inutilizó la nave en pleno vuelo.

El objetivo de estas misiones no era únicamente superar a la Unión Soviética en plena Guerra Fría, sino que también tenían un gran valor a nivel científico. Las seis misiones trajeron consigo un total de 382 kilos de rocas lunares que nos han aportado datos importantes sobre la formación de nuestro vecino más cercano. En ellas, los astronautas desplegaron una serie de espejos sobre la superficie lunar con los que, disparando láseres desde la Tierra, podemos medir la velocidad a la que la Luna se aleja de nosotros (actualmente 3,8 centímetros por año). Además, incrustaron en el polvo lunar detectores de terremotos con los que estudiar los movimientos sísmicos de nuestro satélite.

Las misiones posteriores fueron un paso más allá y llevaron a la Luna vehículos adaptados para moverse por la superficie y explorar en mayor profundidad el árido paisaje. Alan Shepard incluso consiguió llevar a bordo —a hurtadillas— la cabeza de un palo de golf hierro-6 a bordo y hacer un *swing* en la Luna. Dave Scott dejó caer un martillo y una pluma para demostrar que objetos de diferentes masas caen a la misma velocidad en ausencia de una atmósfera que los frene.

Cuando el Apolo 17 partió el 14 de diciembre de 1972, Gene Cernan, el comandante de la misión y el último hombre en pisar la Luna, tenía esperanzas de regresar. Desde entonces, por problemas de costes, nunca hemos vuelto, pero la atracción que sentimos por la Luna sigue siendo irresistible. Es el lugar natural en el que realizar estancias prolongadas en el espacio y varias agencias espaciales de todo el mundo ya se han puesto manos a la obra en la elaboración de planes para volver, así que algún día dejaremos nuevamente nuestras huellas en el polvo lunar.

## El bombardeo intenso tardío

Parece ser que hace 3.900 millones de años el sistema solar interno fue bombardeado profusamente. Mucho después del caos inicial de la formación del sistema solar se produjo un aumento repentino en la cantidad de impactos que recibían los planetas rocosos. Si bien las marcas dejadas por este evento en la Tierra han desaparecido hace mucho tiempo debido a la erosión, la Luna, al no tener aire, aún muestra las cicatrices.

Puesto que tuvo lugar 600 millones de años después del nacimiento del sistema solar y resultó particularmente virulento, los astrónomos denominan a este suceso el *bombardeo intenso tardío*. La explicación más aceptada señala como culpable a Júpiter. Se han realizado simulaciones por ordenador de la formación del sistema solar que sugieren que es poco probable que los planetas gigantes se hayan formado en las ubicaciones que ocupan actualmente (ver página 154). Según parece, Júpiter se ha desplazado hacia zonas más internas del sistema solar, lo que habría provocado que multitud de asteroides se dispersaran como si de una bandada de palomas se tratase, y muchos de ellos habrían acabado chocando con la Luna y los planetas rocosos.

Pero no todo el mundo está de acuerdo con esta teoría. La principal evidencia de un bombardeo intenso tardío proviene de las rocas lunares recogidas por las misiones Apolo. Las muestras de rocas extraídas en diversos lugares de la superficie lunar apuntan a que se produjeron muchas colisiones más o menos por la misma época. Sin embargo, algunos astrónomos han propuesto la posibilidad de que unos pocos impactos pero de gran intensidad pudiesen haber catapultado escombros a lo largo y ancho de la superficie, contaminando de este modo lugares muy alejados entre sí. Eso haría que una pequeña cantidad de impactos se tradujese en una especie de diluvio de detritos.

El otro problema es la aparición de la vida en la Tierra. La concepción tradicional muestra a la Tierra primigenia como un infierno ardiente, golpeado implacablemente por meteoritos y demasiado caliente como para que la vida pudiese prosperar. Según esta visión, la vida solo pudo comenzar después del bombardeo intenso tardío. Sin embargo, evidencias recientes sugieren una Tierra en la que ya había océanos de agua y tal vez incluso vida hace 4.100 millones de años.

Así pues, o bien la vida fue arrasada pero sobrevivió al ataque y posteriormente resurgió, o bien el bombardeo intenso tardío no ocurrió tal como creemos que lo hizo. Sea como sea, este período es el foco de atención de muchas investigaciones que se están llevando a cabo actualmente sobre el agitado y tumultuoso pasado del sistema solar.

3

# El sistema solar

## Mercurio

Mercurio es un lugar inhóspito, desierto y rocoso. De hecho, a primera vista es fácil confundirlo con la Luna. El planeta más cercano al Sol es un horno durante el día, con temperaturas que pueden sobrepasar los 400 grados centígrados. Sin embargo, al carecer de una atmósfera que pueda atrapar el calor, las temperaturas nocturnas se desploman hasta aproximadamente los -200 grados centígrados. Es el planeta más pequeño del sistema solar y tarda tan solo 88 días en completar una órbita alrededor del Sol. Un día de Mercurio dura casi 59 días terrestres.

Solo dos naves espaciales han visitado este planeta. La primera, la *Mariner 10*, lo sobrevoló a mediados de los setenta. La segunda ha sido la sonda *MESSENGER*, que entró en órbita en 2011. Circunnavegó Mercurio más de 4.000 veces antes de que los científicos la estrellasen deliberadamente contra el planeta en abril de 2015. Es probable que la *MESSENGER* haya sido el único objeto, ya sea natural o artificial, que ha orbitado en torno a Mercurio. Su gran proximidad al Sol —que ejerce una atracción gravitacional muy intensa— impide que se formen lunas alrededor del planeta o que sean capturadas por este desde otro lugar. Esa misma atracción gravitacional es también la causante de que Mercurio gire tres veces sobre su eje por cada dos órbitas que hace en torno al Sol.

Estas misiones proporcionaron muchos detalles de un mundo difícil de observar desde la Tierra debido a su reducido tamaño —es más pequeño que algunas de las lunas de Júpiter y Saturno—. El rasgo más característico de Mercurio es la cuenca Caloris, un antiguo cráter dejado por un impacto que se cuenta entre los más grandes del sistema solar. Tiene más de 1.500 kilómetros de diámetro y fue descubierto durante los sobrevuelos de la Mariner 10. Justo en el lado opuesto de la cuenca, el terreno se ondula y se encrespa formando valles y colinas. Se cree que el gran impacto envió ondas de choque en direcciones opuestas alrededor del planeta, haciendo que Mercurio se zarandease como una campana, de modo que el terreno abrupto sería el resultado de las ondas de choque que colisionaron entre sí exactamente en un ángulo de 180 grados respecto del punto de impacto.

Al igual que ocurre con Venus, en ocasiones también es posible ver desde la Tierra cómo Mercurio cruza por delante del Sol. Sin embargo, en el caso de Mercurio, los tránsitos son mucho más frecuentes. Cada siglo se producen unos 13 o 14. En un giro encantador de los acontecimientos, el 3 de junio de 2014, el astromóvil *Curiosity* capturó desde Marte el fantasma de Mercurio cruzando el Sol. Este tránsito no fue visible desde la Tierra, y supuso la primera observación de un tránsito de Mercurio o de Venus desde la superficie de otro planeta.

# Venus

Se mire como se mire, Venus es un lugar horrible. El planeta está recubierto por gruesas capas de dióxido de carbono aderezadas con ácido sulfúrico. Esta atmósfera asfixiante atrapa inmensas cantidades de calor del Sol y comprime la superficie con una presión atmosférica 93 veces mayor que la de la Tierra. Cualquiera lo suficientemente loco como para aventurarse ahí abajo se cocería, quedaría triturado y se disolvería, todo al mismo tiempo.

A pesar de no ser el planeta más cercano al Sol, estas cubiertas de nubes hacen de Venus el planeta más caliente del sistema solar. Gracias a un intenso efecto invernadero, sus temperaturas pueden llegar a ser casi 40 grados más altas que las de Mercurio. A pesar de todo, estas condiciones extremas no impidieron que la Unión Soviética hiciese aterrizar varias sondas en Venus, comenzando por la *Venera 9*, enviada en 1975. Fue la primera nave espacial en enviarnos una fotografía de la superficie de otro planeta. Logró aguantar tan solo 53 minutos antes de sucumbir al infernal entorno del planeta.

Venus es el planeta más cercano a nosotros, y a menudo se dice que es el «gemelo de la Tierra», pero la única similitud real es su tamaño, pues su diámetro es el 95 por ciento del de la Tierra. La característica más peculiar de este planeta es que su día es más largo que su año. Esto puede sonar completamente incomprensible, dado que vivimos en un planeta donde los días son significativamente más cortos que los años. Sin embargo, la lenta rotación de Venus implica que tarda 243 días terrestres en girar una sola vez sobre su eje, mientras que únicamente tarda 225 días en completar una órbita alrededor del Sol. También se trata del único planeta que gira en sentido horario, pero es muy poco probable que Venus fuese así en sus inicios. Tal vez una colisión con un gran objeto lo voltease e hiciese que quedase girando al revés y con una velocidad de rotación mucho más lenta.

En años más recientes, Venus ha sido visitado por las misiones *Magallanes* y *Venus Express*. Los radares de la sonda *Magallanes* produjeron unos gloriosos mapas de la superficie que nos permitieron ver lo que había muy por debajo de las nubes. Entre las características más destacadas de su orografía se incluyen el monte Skadi y el monte Maat, las dos montañas más altas de Venus. La primera forma parte de la cordillera Maxwell, llamada así por el físico escocés James Clerk Maxwell y el único accidente geográfico de Venus que no lleva el nombre de una mujer o una diosa.

Merece la pena mencionar el adjetivo en inglés que los astrónomos han asignado a Venus. En realidad deberíamos referirnos a sus características como *venerean* («venerianas»), del mismo modo que hablamos de *mercurian* («mercurianas») o *martian* («marcianas»). Sin embargo, es fácil comprender por qué se procura evitar ese término.[2] En su lugar, los astrónomos tienden a usar el adjetivo *venusian* («venusiano») como una alternativa más familiar.

## Marte

De entre todos los planetas, Marte siempre nos ha cautivado y maravillado como ningún otro. A lo largo de la

---

2. El término inglés *venereal* corresponde al adjetivo español *venéreo*, que significa «carnal, erótico, sexual». *(N. del t.)*

historia de la humanidad, la gente ha hecho sacrificios en su honor, ha temido invasiones procedentes de él y ha enviado vehículos del tamaño de un coche para explorarlo. Sigue siendo el planeta del que más cosas sabemos. Hasta disponemos de un mapa más detallado de la superficie marciana que del fondo de los océanos aquí en la Tierra.

Su distintivo tono marrón anaranjado —causante del epíteto *planeta rojo*, usado frecuentemente— se debe a los altos niveles de óxido de hierro (herrumbre) de sus rocas. Incluso sin la ayuda de un telescopio, es posible apreciar en el cielo nocturno que Marte tiene una apariencia rojiza. Hoy es un planeta desierto, seco y frío, pero es muy probable que no siempre haya sido así. Las misiones que hemos enviado a Marte nos han aportado pistas de que en el pasado podría haber sido un mundo muy diferente, tal vez con océanos de agua que cubriesen hasta un tercio de su superficie.

Seguimos sin poder dar respuesta a por qué el clima marciano cambió de un modo tan drástico. La idea más aceptada es que el núcleo del planeta se solidificó con el tiempo porque, al tratarse de un planeta de tamaño reducido, sus materiales no ejercen la suficiente presión gravitacional. Eso también habría hecho desaparecer el campo magnético de Marte, dejándolo desprotegido ante los estragos causados por el viento solar. Con el tiempo, la atmósfera del planeta rojo se redujo considerablemente, hasta quedar cubierto tan solo por la fina capa de dióxido de carbono que presenta en la actualidad. La presión atmosférica de Marte es tan débil —menos del 1 por ciento de la de la Tierra—, que el hielo se salta por completo la fase líquida y se convierte directamente en vapor por medio de un proceso llamado *sublimación*.

Podría decirse que Marte tiene una doble personalidad: por encima del ecuador es increíblemente plano, mientras que el hemisferio inferior está dominado por montañas. Sus dos mitades solo se parecen en que ambos polos están cubiertos de hielo. En el hemisferio sur del planeta se asienta el monte Olimpo, el volcán más alto del sistema solar y su segundo pico más alto. Su altura es más de dos veces la del Everest, pero sería mucho más fácil de escalar, pues las laderas de sus pendientes tan solo están inclinadas 5 grados. Sin embargo, no esperes ver la cumbre desde abajo: el volcán es tan ancho que la cima queda oculta en el horizonte.

También presenta un enorme y escarpado valle formado por intrincados cañones que se extienden por casi una cuarta parte del ecuador del planeta. Recibe el nombre de valle Marineris y forma parte de una vasta meseta volcánica conocida como protuberancia de Tharsis.

Dos lunas, Phobos y Deimos, giran en torno al planeta. Son los nombres de los hijos del dios de la guerra, que combatían a su lado en las batallas, y significan, respectivamente, «miedo» y «terror». Son muy pequeños; solo tienen 22,2 y 12,6 kilómetros de diámetro, respectivamente.

## La exploración robótica

Hemos enviado al planeta rojo todo un ejército de sondas que han entrado en órbita, han aterrizado en su superficie e incluso han llegado a desplazarse por el paisaje marciano. Estos aparatos han presenciado puestas de Sol desde otro mundo, han visto cómo se desataban enfurecidos remolinos de polvo en el paisaje marciano y hasta han contemplado nuestro propio planeta desde el cielo de otro mundo.

Constituyen un importante testimonio del espíritu de descubrimiento y exploración de los seres humanos.

El principal objetivo de estas misiones, desde la *Mariner 4* en 1965 hasta el más reciente vehículo explorador *Curiosity*, ha sido determinar si en algún momento las condiciones reinantes en Marte fueron favorables para la vida. Los módulos de descenso *Viking* de la década de los setenta —las primeras misiones que operaron con éxito desde la superficie— llevaron a cabo experimentos capaces de analizar sobre el terreno el suelo marciano en busca de indicios de vida. Los resultados iniciales fueron positivos, pero hoy en día la opinión generalizada es que se trató de falsos positivos. La zona de operación de estas máquinas estaba restringida al área inmediatamente circundante a sus lugares de aterrizaje, pero las misiones posteriores enviaron robots con ruedas capaces de desplazarse de manera autónoma por la superficie.

En concreto, los vehículos exploradores *Spirit* y *Opportunity* han sido sorprendentemente exitosos. Se posaron sobre la superficie de Marte en 2004, y aunque fueron diseñados para durar solo noventa días, la *Spirit* estuvo operativa seis años y recorrió casi ocho kilómetros antes de quedar abandonada a su suerte en un lecho de tierra blanda. En el momento en el que escribo estas líneas, la *Opportunity* sigue operando a pleno rendimiento y ya ha cubierto una distancia mayor que la equivalente a un maratón olímpico.

En el 2012, la *Curiosity* se unió a estas dos sondas. Al ser del tamaño de un automóvil pequeño, no era factible que aterrizase de la misma manera que la *Spirit* y la *Opportunity*, las cuales se habían instalado en el interior de una especie de cápsula inflable que rebotaba varias veces sobre el terreno antes de detenerse. La *Curiosity* descendió a la

# HUMANOS EN MARTE

La humanidad muy bien podría llegar a Marte durante este siglo, pero la empresa es bastante más difícil que ir a la Luna. Nuestro satélite se encuentra a 380.000 kilómetros de distancia, lo que supone un viaje de tan solo tres días. En cambio, para llegar al planeta rojo hay que realizar un viaje de siete meses y 225 millones de kilómetros.

Las largas estancias en el espacio suponen un gran peligro de radiación. Las partículas de alta energía que penetran en la piel descargan su energía en las células y dañan el ADN, lo que puede dar lugar a la aparición de cáncer, síndrome de irradiación aguda o cataratas. Dosis altas pueden resultar letales. Así pues, los astronautas necesitan contar con algún sistema de protección que al mismo tiempo sea lo suficientemente ligero como para que la misión siga siendo factible. El peso de la nave también es un factor importante. Los humanos necesitamos comida, agua y oxígeno, pero transportar toda esta pesada carga a Marte resulta muy costoso. Por otra parte, aterrizar allí es peligroso. La atmósfera del planeta rojo es muy delgada, por lo que hay muy poco gas que pueda actuar como freno.

Y, por supuesto, también está el problema del viaje de regreso. A los robots no les importa no volver a casa, pero a los humanos probablemente sí. Para poder regresar habría que llevar suficiente combustible o fabricarlo directamente ahí a partir de los recursos del planeta.

superficie usando una grúa volante de aspecto futurista. Vale la pena echar un vistazo al vídeo de este asombroso viaje de transporte hasta la superficie marciana, una increíble hazaña de imaginación e ingeniería.

## El cinturón de asteroides

Un equipo internacional de científicos surca los cielos a casi doce kilómetros de altura a bordo de un laboratorio volante especialmente diseñado para esta misión. Todos los ojos y todos los instrumentos están puestos en un objeto que atraviesa la atmósfera a más de doce kilómetros por segundo. Mientras, en tierra, cuatro equipos de exploración están distribuidos para cubrir una franja de 20 por 200 kilómetros en la árida zona interior de Australia, esperando a que el objeto impacte contra el suelo. Finalmente rastrean su ubicación, lo preparan cuidadosamente para su traslado y se lo llevan para realizar análisis posteriores.

Puede que su presa haya caído del espacio, pero no fue ahí donde se creó. La sonda *Hayabusa* de la Agencia Espacial Japonesa (JAXA) había regresado a la Tierra después de una accidentada expedición de siete años al asteroide 25143 Itokawa. Fue la primera misión cuyo objetivo era traer a la Tierra muestras de un asteroide.

Los astrónomos se tomaron todas estas molestias porque los asteroides representan una oportunidad única para aprender más sobre cómo era el sistema solar antes de la formación de los planetas. Son como fósiles de los primeros momentos del sistema solar, bloques de construcción planetaria que no llegaron a convertirse en parte de ningún planeta.

Estos trozos de rocas y metales se encuentran en todo el sistema solar, pero alrededor del 90 por ciento se agrupan formando un cinturón entre las órbitas de Marte y Júpiter. El cinturón de asteroides principal representa parte de un planeta fallido, uno que no se pudo formar debido a la gravedad disruptiva del vecino Júpiter.

Actualmente, la masa total del cinturón es de tan solo un 4 por ciento la de la Luna. Solo cuatro asteroides —Ceres, Pallas, Vesta e Hygiea— aportan ya la mitad de esta masa. El resto van siendo progresivamente más pequeños, hasta que alcanzan el tamaño de guijarros e incluso de partículas de polvo. Los asteroides más grandes han sido objeto de muchos estudios. En 2011, la nave espacial *Dawn* de la NASA visitó Vesta y un año más tarde partió hacia Ceres. Una vez allí, en 2015, se convirtió en la primera nave espacial de la historia en haber orbitado en torno a dos cuerpos distintos del sistema solar.

El cinturón principal alberga alrededor de 2 millones de asteroides de más de un kilómetro de diámetro. Podrías pensar que atravesarlo supondría embarcarnos en un viaje traicionero y lleno de peligros. Películas como *Star Wars*, donde podemos ver a los protagonistas esquivando rocas espaciales que se aproximan y escapando por los pelos, han contribuido a la consolidación de esta idea. Pero el espacio es enorme. En las ilustraciones y las animaciones del cinturón de asteroides se suele magnificar el tamaño de las rocas para que podamos verlas. La realidad es que la distancia promedio que separa a los asteroides es de casi un millón de kilómetros.


## Una amenaza para la Tierra

El verdadero peligro de los asteroides se produce cuando chocan con la Tierra. Hace 66 millones de años, un asteroide de 10 kilómetros de ancho (el tamaño de una ciudad pequeña) se precipitó en la costa mexicana y desató un auténtico infierno. Aún hoy se puede ver el cráter que produjo. Enormes tsunamis atravesaron los océanos, llovió fuego del cielo, bosques enteros fueron arrasados a medida que se extendía la carnicería y el caos. Las enormes cantidades de escombros y de polvo arrojados a la atmósfera hicieron que la Tierra quedase sumida en un auténtico invierno nuclear. Privadas de la preciosa luz solar, las plantas empezaron a morir. Después, las criaturas que se alimentaban de ellas perecieron también, y más tarde los animales carnívoros. En cuestión de cien años, todos los dinosaurios y el 70 por ciento de todas las especies terrestres se habían extinguido. En los océanos el exterminio alcanzó el 90 por ciento.

Afortunadamente, los episodios en los que se producen tales niveles de extinción son muy poco frecuentes. Se cree que la Tierra únicamente es golpeada una vez cada 20 millones de años por rocas espaciales de más de cinco kilómetros de ancho. Además, contamos con una gran ventaja de la que los dinosaurios carecían: los telescopios. En la actualidad, disponemos de telescopios robóticos que escudriñan los cielos en busca de objetos de más de un kilómetro de diámetro y que son capaces de predecir las órbitas que tendrán en los próximos cien años. La buena noticia es que a corto plazo no hay ningún objeto voluminoso que se dirija hacia nosotros.

Sin embargo, eso no quiere decir que seamos capaces de detectar la llegada de objetos mucho más pequeños. En 2013, una bola de fuego ardió en los cielos de Cheliábinsk, en Rusia: habíamos pasado por alto un asteroide de 20 metros de ancho. Emergió del Sol como si fuese un piloto de combate de la Segunda Guerra Mundial, lanzándose en picado en un ataque sorpresa. Afortunadamente, nadie murió, pero hubo testigos del suceso que sufrieron heridas cuando la onda expansiva hizo añicos los cristales de las ventanas.

Tarde o temprano, llegará el momento en que un gran asteroide amenazará nuevamente a la Tierra. Para entonces deberíamos tener la capacidad de poder hacer algo al respecto. A diferencia de lo que nos muestran las películas de Hollywood, un ataque nuclear sería la peor opción posible, pues de ese modo tan solo lo disgregaríamos en trozos un poco más pequeños cuyas trayectorias seguirían apuntando a la Tierra. Una de las mejores soluciones sería mantenerlo de una pieza y apartarlo de forma gradual de su rumbo, utilizando la fuerza gravitacional de una pequeña sonda espacial.

| Planeta | Diámetro | Distancia al Sol | Duración del día | Duración del año | Temperatura media (°C) | Lunas conocidas |
|---|---|---|---|---|---|---|
| Mercurio | 0,38 | 0,39 | 58,7 días terrestres | 88 días terrestres | 67 | 0 |
| Venus | 0,95 | 0,73 | 243 días terrestres | 225 días terrestres | 462 | 0 |
| Tierra | 1 | 1 | 24 horas | 365 días | 15 | 1 |
| Marte | 0,53 | 1,52 | 24,6 horas | 1,88 años terrestres | -63 | 2 |
| Júpiter | 11,21 | 5,2 | 9,84 horas | 11,86 años terrestres | -161 | 69 |
| Saturno | 9,45 | 9,54 | 10,2 horas | 29,46 años terrestres | -189 | 62 |
| Urano | 4 | 19,18 | 17,9 horas | 84,07 años terrestres | -220 | 27 |
| Neptuno | 3,88 | 30,06 | 19,1 horas | 164,81 años terrestres | -218 | 14 |

# El cometa 67P, la sonda *Rosetta* y el módulo de aterrizaje *Philae*

Fue una de las hazañas más audaces y atrevidas en la historia de la exploración espacial robótica. Después de un viaje de diez años y 6.400 millones de kilómetros, la sonda *Rosetta* de la Agencia Espacial Europea consiguió llegar finalmente al cometa conocido como 67P/Churyumov-Gerasimenko (o, simplemente, 67P). En ese momento se encontraba entre las órbitas de Marte y Júpiter.

La ESA hizo historia en 2014 cuando su módulo de aterrizaje *Philae* aterrizó en el cometa 67P.

Al igual que los asteroides, los cometas habitan en los espacios interplanetarios. Sin embargo, a diferencia de sus equivalentes rocosos y metálicos, están compuestos en gran parte de hielo. Además, trazan órbitas muy elípticas que los llevan desde el espacio profundo que se extiende más allá de Neptuno hasta las proximidades del Sol. Durante milenios, los cometas han maravillado a los humanos debido al espectáculo que ofrecen al pasar cerca de nuestro planeta. Al ser calentados por el Sol y recibir el embate del viento solar, los cometas producen un par de colas que pueden extenderse por cientos de millones de kilómetros tras ellos.

La Agencia Espacial Europea ya había enviado anteriormente una nave espacial para fotografiar un cometa, pero nunca se había intentado aterrizar en uno. Conseguirlo no fue nada fácil, pues el 67P daba vueltas alrededor del Sol a 55.000 kilómetros por hora. El 12 de noviembre de 2014 los científicos observaron con el corazón en un puño cómo la *Rosetta* se desprendió del módulo de aterrizaje *Philae* —del tamaño de una lavadora— para que este acudiese a su cita con la superficie del cometa.

Las cosas no salieron exactamente como habían planeado. Los arpones diseñados para anclar la *Philae* al cometa fallaron, así que la sonda chocó contra la superficie y rebotó varias veces antes de posarse a un kilómetro de distancia a la sombra de un acantilado de hielo. Incapaz de usar sus paneles solares en la oscuridad, en un par de días la sonda se quedó sin energía. Después de más de seis meses de hibernación forzada, sorprendentemente, la *Philae* volvió a despertar y saludó a la *Rosetta* en junio de 2015. El avance del cometa hacia el Sol había calentado el hielo lo suficiente como para liberar a la *Philae* de las sombras.

En la actualidad, los científicos siguen analizando muchos de los datos recogidos en esta misión, pero uno de los descubrimientos más destacables es que el agua del cometa parece ser diferente a la de la Tierra, ya que contiene una mayor proporción de deuterio. Esto contradice la idea de que el agua de la Tierra primitiva proviniese de cometas similares al 67P.

# Júpiter

Incluso visto a través de un pequeño telescopio de jardín, la majestuosa imagen del rey de los planetas resulta sobrecogedora. Con ese instrumento ya podríamos distinguir su característico color naranja, así como las bandas horizontales de los distintos cinturones de nubes. Un telescopio un poco más grande también podría revelar su famosa Gran Mancha Roja. Aunque hemos de tener en cuenta que la rápida rotación de Júpiter (un día joviano dura menos de diez horas) podría significar que en el momento de la observación se encontrase en el lado opuesto del planeta. La rapidez de su giro también se traduce en que Júpiter es notablemente más ancho en el ecuador que en los polos.

Júpiter, el mundo más grande de cuantos orbitan alrededor del Sol, podría tragarse a todos los demás y aún le sobraría espacio para más. Harían falta 1.321 Tierras para igualar su volumen. Se encuentra a una distancia media de 778 millones de kilómetros del Sol y tarda casi 12 años en completar una órbita.

Tiene aproximadamente la misma composición que el Sol: un 75 por ciento de hidrógeno y un 24 por ciento de helio. Sin embargo, todavía hay mucha incertidumbre respecto a qué ocurre bajo la superficie joviana. Se cree que en su centro hay un núcleo denso, pero desconocemos su tamaño. Los astrónomos también creen que existe una capa de hidrógeno líquido entre el núcleo y la atmósfera exterior.

A menudo, los cinturones de nubes de su atmósfera se mueven en direcciones opuestas. Las áreas más oscuras se denominan *zonas*, mientras que las más claras reciben el nombre de *cinturones*. En la atmósfera de Júpiter se han detectado destellos de rayos mil veces más potentes que los de la Tierra. La Gran Mancha Roja está enclavada en los cinturones nubosos del hemisferio sur del planeta. Se trata de un anticiclón sumamente longevo y de un tamaño asombroso. En un momento dado llegó a ser tan grande como cuatro veces la Tierra. Sin embargo, observaciones recientes han revelado que está encogiendo. Aún no entendemos muy bien a qué se debe, pero se han detectado pequeños remolinos de gas penetrando en la tormenta que podrían estar modificando su estructura interna.

Una característica poco conocida de Júpiter es que tiene anillos. De hecho, los cuatro planetas gigantes cuentan con un sistema de anillos. A diferencia de los anillos helados de Saturno, los de Júpiter están hechos de polvo. Se descubrieron en 1979, cuando la sonda *Voyager 1* sobrevoló el planeta.

Al ser el planeta más grande del sistema solar, Júpiter es también el que genera una atracción gravitacional más intensa. En la actualidad hay un encendido debate sobre el papel que ha jugado en la configuración de nuestro sistema solar. Se relaciona con el bombardeo intenso tardío, una potente lluvia de impactos que tuvo lugar en el sistema solar interior (ver página 115). Sin embargo, no está claro si Júpiter es amigo o enemigo, si nos ayuda a mantenernos seguros al atraer hacia sí objetos que podrían impactar en la superficie de la Tierra o, por el contrario, supone una amenaza al acorralarlos en posiciones peligrosas. Probablemente sea ambas cosas a la vez.

## *Las lunas de Júpiter*

Como cabría esperar, el planeta más voluminoso es también el que tiene el mayor número de lunas. Hasta la fecha se han descubierto sesenta y nueve. La mayoría de estos satélites son pequeños. Se trata de asteroides o cometas que se acercaron demasiado a este mundo gigante y quedaron atrapados en su red gravitacional. Algunas de estas lunas jovianas merecen tanta atención como los propios planetas, en particular las cuatro lunas que reciben el sobrenombre de *galileanas*, por haber sido descubiertas por Galileo Galilei en 1610: Ío, Europa, Ganímedes y Calisto.

Ganímedes es el satélite más grande del sistema solar. Con más de 5.000 kilómetros de diámetro, es incluso más grande que Mercurio. Sin embargo, como veremos más adelante, una de las condiciones para que un cuerpo celeste pueda ser considerado un planeta es que ha de orbitar directamente alrededor del Sol (ver página 146). La superficie de Calisto, su vecino, es muy antigua. Poco ha cambiado en ella en los últimos 4.000 millones de años. Su maltratado semblante muestra más cicatrices de impactos que cualquier otro cuerpo del sistema solar.

Sin duda, las dos lunas más intrigantes de Júpiter son las lunas galileanas más recónditas: Ío y Europa. Ío tarda tan solo 1,5 días en completar una vuelta alrededor del planeta. Al encontrarse muy cerca de Júpiter, en su superficie se levantan enormes mareas que expanden y contraen la pequeña luna. Este arqueamiento constante, que recibe el nombre de *calentamiento mareal*, derrite la roca del satélite y alimenta sus más de 400 volcanes activos, los cuales convierten a Ío en el lugar del sistema solar que presenta una mayor actividad volcánica. Enormes columnas de azufre salen despedidas hacia el cielo y alcanzan cientos de kilómetros de altura. Como cabría esperar, es el objeto del sistema solar que menor cantidad de agua presenta.

## JUNO

En los últimos años, la sonda *Juno* de la NASA ha enviado fotos de Júpiter con un nivel de detalle sin precedentes. Llegó allí en 2016, convirtiéndose en el segundo objeto hecho por el hombre en orbitar alrededor del planeta más grande del sistema solar. El primero, la sonda *Galileo*, había terminado su misión en 2003. Esa década de desarrollo en la tecnología de las cámaras es más que apreciable en la riqueza de las espectaculares imágenes que llegaron a la Tierra.

Los primeros planos de la Gran Mancha Roja que tomó *Juno* cuando se precipitaba hacia el planeta deberían ayudar a los astrónomos a descubrir por qué este famoso rasgo distintivo de Júpiter se está encogiendo. Las mediciones precisas de la fuerza gravitacional del planeta que la sonda puede detectar nos ayudarán a descifrar qué está sucediendo en el núcleo de Júpiter. Comprender su composición atmosférica es crucial para entender cómo se formaron tanto este planeta como el resto del sistema solar.

Algo poco conocido sobre *Juno* es que transportó en su viaje tres figuras de Lego de aluminio. Representan al dios romano Júpiter, a su esposa Juno y a Galileo, el primer astrónomo que observó el planeta a través de un telescopio.

Europa, situada a más distancia, no tiene ese problema. También sufre calentamiento mareal, pero con una intensidad mucho menor, por lo que aquí el hielo se convierte en agua, una enorme cantidad de agua. Se cree que hay más agua líquida en Europa que en todos los océanos, lagos, ríos y mares de la Tierra juntos, lo que la sitúa directamente en los primeros puestos de la lista de los lugares del sistema solar en los que tratar de encontrar vida.

## Saturno

Saturno, el último de los planetas clásicos conocidos por nuestros antepasados lejanos, se encuentra a casi 1.500 millones de kilómetros del Sol. El hecho de que podamos verlo a simple vista desde esa distancia da fe de su enorme tamaño y de la gran cantidad de luz solar que refleja hacia nosotros. Se trata del segundo planeta más grande (en su interior cabrían más de 750 Tierras).

No obstante, es increíblemente ligero para el tamaño que tiene. Su densidad promedio es de 0,7 gramos por centímetro cúbico, la más baja de todos los planetas. Eso quiere decir que es menos denso que el agua ($1\,g/cm^3$), lo que implica que, si pudiésemos construir una bañera lo suficientemente grande, Saturno quedaría flotando en ella. Aunque, en realidad, congelaría el agua, ya que la temperatura media de Saturno es de –178 grados centígrados.

El característico color amarillo del planeta proviene de los cristales de amoniaco de la parte alta de su atmósfera. En ocasiones es posible observar las tormentas que se desatan allí. Son más frecuentes cuando Saturno alcanza su punto más cercano al Sol, más o menos cada treinta años.

Con la llegada de las sondas *Voyager*, los astrónomos detectaron un patrón de nubes hexagonales sobre el polo norte del planeta. Cada uno de los seis lados del hexágono es mayor que el diámetro de la Tierra. La *Cassini* también lo observó, y entre 2013 y 2017 cambió de color: pasó de ser azul a adquirir un tono dorado.

Al igual que ocurre con Júpiter, los astrónomos no están seguros de qué sucede bajo la cubierta de nubes de Saturno. Se cree que por debajo de los cristales de amoniaco hay nubes de agua. A mayor profundidad podría haber una capa de hidrógeno metálico, seguida de un núcleo denso y rocoso cuya masa sería entre nueve y veintidós veces la de la Tierra. Algunos científicos incluso han especulado con la posibilidad de que en la atmósfera de Saturno se formen diamantes a razón de mil toneladas al año. Los relámpagos convertirían el gas metano en polvo de carbono que posteriormente se transformaría en diamantes a medida que cayese hacia el núcleo del planeta.

## *Los anillos*

Los enigmáticos anillos de Saturno son con diferencia la característica más célebre del sistema solar. Sin embargo, a pesar de lo mucho que se han estudiado, nadie sabe a ciencia cierta de dónde provienen.

Si bien pueden parecer sólidos desde la distancia, en realidad están formados por trozos individuales de hielo que pueden llegar a alcanzar el tamaño de una casa. Si juntásemos todo el material de los anillos en una sola bola, tendríamos una esfera de tamaño similar a la luna Mimas de Saturno. Por lo tanto, es posible que comenzasen su existencia bajo la forma de un satélite que fue destruido por la gravedad del planeta o hecho añicos en una colisión.

Datos recientes de la misión *Cassini* indican que, en comparación con la edad del sistema solar, los anillos deben de ser muy jóvenes. Tal vez no tengan más de 100 millones de años. Si fuesen más antiguos, el viento solar habría oscurecido mucho más los materiales que los conforman. Somos muy afortunados de vivir en un momento en que Saturno tiene anillos, pues parece ser que durante la mayor parte de su historia no los ha tenido.

Desde la Tierra, es posible apreciar que los anillos tienen huecos o divisiones incluso con un telescopio de aficionado. La más grande es la llamada *división Cassini*, y Mimas también aparece en esta zona. Es precisamente la gravedad de esta luna la que mantiene abierta la brecha. Algunas de las lunas de Saturno orbitan dentro de los anillos, por lo que reciben el nombre de *satélites pastor*. Los anillos se nombran con letras mayúsculas, pero en orden alfabético según el momento de su descubrimiento, no en función de su distancia al planeta.

La sonda Cassini de la NASA capturó esta impresionante imagen del Sol iluminando desde atrás los anillos de Saturno.

## LA SONDA *CASSINI*

La sonda *Cassini* revolucionó nuestra comprensión del planeta de los anillos. Se lanzó en 1997 y llegó a Saturno en 2004. El 15 de septiembre de 2006 tomó una de las imágenes más espectaculares de la historia de la astronomía. En ella puede verse a Saturno eclipsando al Sol y cómo la luz de este último ilumina el sistema de anillos del planeta (ver página anterior). Por si fuera poco, también puede apreciarse un pequeño punto que podría confundirse fácilmente con una de las lunas de Saturno, cuando en realidad se trata de la Tierra a más de 1.000 millones de kilómetros de distancia.

En 2017, ya con poco combustible, la *Cassini* emprendió una serie de más de veinte audaces lanzamientos en picado a través de los anillos, tras lo cual la misión llegó a su fin. Se acercó a los anillos más que ningún otro aparato antes y a velocidades de 100.000 kilómetros por hora. Los astrónomos incluso tuvieron tiempo de tomar otra fotografía de la Tierra en la distancia a través de los materiales del anillo.

En un último triunfo, los astrónomos estrellaron deliberadamente la *Cassini* en Saturno en septiembre de 2017, veinte años después de que hubiese partido de la Tierra hacia el sistema solar exterior. De este modo evitaban que contaminase inadvertidamente los anillos o las lunas de Saturno.

Los anillos aún guardan muchos misterios. Desde los sobrevuelos realizados por la *Voyager* a principios de la década de los ochenta, los astrónomos han detectado manchas oscuras en los anillos, fracciones sombreadas que se extienden como los radios de una rueda de bicicleta. La misión *Cassini*, más reciente, ha vuelto a fotografiarlos, pero aún no sabemos qué son.

## *Las lunas*

Al igual que Júpiter, más de sesenta satélites naturales escoltan a Saturno en su viaje alrededor del Sol. La mayoría de ellos son diminutos, pero Titán es más grande que Mercurio. Se trata de la segunda luna más grande del sistema solar después de Ganímedes, el satélite de Júpiter.

Mimas recibe el apodo de «Estrella de la muerte» por su parecido con la estación espacial del tamaño de la luna de la franquicia de *Star Wars*. Esta extraña semejanza es pura coincidencia, pues la Estrella de la muerte apareció en las pantallas tres años antes de que se obtuviesen las primeras imágenes de Mimas.

Hyperion es la Luna de aspecto más extraño de Saturno. Se trata de una especie de piedra pómez cósmica gigante, llena de agujeros y de forma irregular, y fue la primera luna sin forma esférica que se descubrió. Quizá se trate de un fragmento de una antigua colisión.

Pero la luna que en la actualidad recibe más atención es Encélado, pues por las grietas de su helada superficie mana agua líquida. En 2017 los astrónomos anunciaron que también habían encontrado compuestos químicos complejos: los componentes básicos de la vida. La presencia de agua junto con estas sustancias podría equivaler a la presencia de vida, aunque el fervor se atenuó cuando también se detectó metanol tóxico. Sin embargo, Encélado ocupa junto con Europa uno de los primeros puestos en la lista de lunas con mayor probabilidad de ser habitables.

Y nos queda Titán. Además de por su tamaño, destaca porque es la única luna del sistema solar que cuenta con una atmósfera espesa y nebulosa. El módulo de aterrizaje *Huygens* atravesó sus brumas tenebrosas y aterrizó en un cauce seco el 14 de enero de 2005, en una región llamada Xanadú. Esto le convierte en el único dispositivo que ha aterrizado en el sistema solar exterior.

Los mapas de superficie de Titán revelan un mundo que nos resulta extremadamente familiar. Los océanos que bañaban las antiguas costas han cincelado litorales, archipiélagos, islas y penínsulas. La única diferencia es que a esta distancia del Sol hace demasiado frío como para que el líquido causante de la erosión sea agua. Aquí, el culpable de esta orografía es el metano.

## Urano

Podríamos pensar que quienes viven cerca de los polos de nuestro planeta lo tienen difícil, pues durante gran parte del año quedan sumidos en una oscuridad permanente, o al contrario, experimentan días que nunca terminan (ver página 99). Sin embargo, la iluminación de los polos de Urano lleva las cosas a un nivel completamente nuevo.

El planeta está inclinado lateralmente, por lo que sus polos están más o menos alineados con el plano de su órbita de traslación —de 84 años— alrededor del Sol. Eso significa que en los polos de Urano hay 42 años de día constante seguidos de otros 42 años de noche implacable. Y tampoco es que el período diurno sea particularmente resplandeciente... Dado que está veinte veces más lejos del Sol que nosotros, la intensidad de la luz solar que recibe es tan solo una cuarta parte de la que llega a la Tierra. Urano es cuatro veces más grande que nuestro planeta.

Al igual que ocurre con la mayoría de las anomalías del sistema solar, nadie sabe con exactitud qué le sucedió a Urano para acabar tan inclinado, aunque todo apunta a que el culpable pudo haber sido un gran impacto. El sistema de anillos de Urano también presenta esta inclinación, lo que se traduce en que estos parecen girar sobre el planeta casi de arriba abajo, en lugar de hacerlo de lado a lado como ocurre en Saturno.

A veces nos referimos a Urano y Neptuno como los *gigantes de hielo* debido a que su composición química los distingue claramente de los gigantes gaseosos Júpiter y Saturno. El agua, el amoníaco y el metano se convierten en hielo tan lejos del sol.

Hasta el momento se han descubierto veintisiete lunas en órbita alrededor de Urano. Todas ellas llevan el nombre de personajes de obras de Shakespeare o de Alexander Pope. Entre los más familiares se encuentran Romeo, Julieta, Ofelia (de *Hamlet*), Puck y Oberón (de *El sueño de una noche de verano*). Titania (también de esa obra) es la más grande, pero con apenas 800 kilómetros de ancho no llega a tener ni la mitad del diámetro de nuestra luna.

Tal vez el satélite más característico de Urano sea Miranda (personaje de *La tempestad*), que presenta enormes cicatrices en su superficie. Esto sugiere que se trata de una especie de «luna Humpty-Dumpty», que fue hecha pedazos pero no llegó a reconstruirse por completo.

La única misión que ha visitado Urano ha sido la de la sonda *Voyager 2*. En 1986 se acercó tangencialmente al planeta y observó una atmósfera azul verdosa casi totalmente homogénea y sin rasgos distintivos, en claro contraste con las de sus vecinos (mucho más activas y heterogéneas). En varias ocasiones se ha valorado la posibilidad de enviar una nueva misión para explorar este mundo, al que no hemos prestado demasiada atención, en un intento por descifrar algunos de sus misterios.

## Neptuno

Durante el verano de 1989, la *Voyager 2* dejó atrás los planetas gigantes. Mientras se alejaba del Sol, los científicos giraron las cámaras para echar un último y fugaz vistazo a Neptuno y su luna más grande, Tritón. Ambas estaban iluminadas como finos y hermosos arcos crecientes a medida que los últimos destellos de luz solar reflejada desaparecían de la vista.

A diferencia de Urano, la superficie azul marino de Neptuno es increíblemente dinámica. La *Voyager 2* detectó una anomalía —que recibiría el nombre de Gran Mancha Oscura— del ancho de la Tierra en el hemisferio sur del planeta. Iba acompañada de una zona brillante que se desplazaba rápidamente y a la que llamaron cariñosamente Scooter. Cuando en 1994 el telescopio espacial Hubble echó otro vistazo a Neptuno, la Gran Mancha Oscura había desaparecido y había sido reemplazada por una nueva tormenta al norte del ecuador. Los vientos de las tormentas neptunianas son los más fuertes del sistema solar: pueden alcanzar hasta 580 metros por segundo (es decir, algo más de 2.000 kilómetros por hora).

En cuanto a su masa, Neptuno se encuentra aproximadamente en un punto medio entre la Tierra y Júpiter: es 17 veces más pesado que el primero y 19 veces más ligero que el segundo. Está 30 veces más alejado del Sol que la Tierra y tarda 165 años en completar una órbita. Sus temperaturas pueden desplomarse hasta los –218 grados centígrados.

Hasta ahora hemos descubierto 14 lunas neptunianas, la última en 2013. De todas ellas, con diferencia, la más interesante y sorprendente es Tritón. No solo se trata de un satélite geológicamente activo, lo que lo sitúa en un extraño y selecto club junto a la luna Ío de Júpiter y Encélado de Saturno, sino que además orbita en torno a Neptuno en la dirección opuesta al movimiento de traslación del planeta. Es la única luna grande del sistema solar que presenta este tipo de órbita, denominada *retrógrada*, y eso hace que explicar de dónde vino sea extremadamente difícil. Por lo general, las lunas retrógradas son pequeñas, objetos como asteroides o cometas que tuvieron la osadía de acercarse a algún planeta en un ángulo peculiar y terminaron dando vueltas en torno a él en sentido contrario. Pero no es tan fácil que un objeto de 2.700 kilómetros de ancho acabe haciendo lo mismo. Muchos astrónomos creen que Tritón debe haber sido un planeta enano (ver página 146) al que la gravedad de Neptuno atrajo hacia zonas más externas del sistema solar. Se desconoce por qué se estableció pulcra y elegantemente en una órbita estable en lugar de colisionar contra el planeta.

Gran parte de la mitad occidental de Tritón tiene una superficie de aspecto extraño a la que los astrónomos se refieren como *cáscara de melón*, debido a su parecido con la piel de esta fruta. Su polo sur está cubierto por hielo de nitrógeno y metano, salpicado con depósitos de polvo expulsado por géiseres criovolcánicos.

# Plutón

Pobre Plutón. Esta bola de nieve congelada que se encuentra más allá de la órbita de Neptuno las ha visto negras. Cuando el astrónomo estadounidense Clyde Tombaugh lo descubrió en 1930, el objeto fue inmediatamente celebrado y ensalzado como el noveno planeta, pero su pertenencia a ese exclusivo club duró menos de un siglo.

La cosa empezó a torcerse a mediados de la década de los 2000. Primero, los astrónomos descubrieron Eris, un mundo aún más distante que se cree que es más grande que Plutón y que también orbita alrededor del Sol, lo que hizo que tuviesen que enfrentarse al dilema de cómo clasificarlo. Si Plutón era un planeta, entonces Eris también tenía todo el derecho a serlo. ¿Dónde está la línea que separa a los planetas del resto de los objetos no tan voluminosos del sistema solar?

Además, Plutón destaca por otras características que llevan a poner en tela de juicio su categorización como planeta. Para empezar, su órbita se cruza con la de Neptuno. Durante 20 de los 248 años de su período orbital está más cerca del Sol que dicho planeta. Eso hizo que, por ejemplo, entre 1979 y 1999 no fuese el noveno planeta, sino el octavo. Por otra parte, está confinado a una danza gravitacional con Neptuno a la que los astrónomos llaman *resonancia*: Plutón da exactamente dos vueltas al Sol por cada tres de Neptuno, lo que se traduce en que siempre se mantienen separados y no hay riesgo de colisión.

Por otra parte, Plutón tiene una relación igualmente disfuncional con Caronte, su luna más grande. A diferencia de los sistemas planeta-luna normales, estos dos mundos orbitan en torno a un punto común situado en el espacio vacío que los une.

Así pues, algo había que hacer con él. En una asamblea de la Unión Astronómica Internacional celebrada en verano de 2006 se tomó la decisión de reclasificar a Plutón (y a Eris) en una nueva clase de objetos: los planetas enanos (ver siguiente sección). Plutón bajó de categoría porque no ha «despejado el vecindario alrededor de su órbita», ya que no es el mayor objeto que se encuentra en su órbita alrededor del Sol (ese honor le corresponde a Neptuno). En todo caso, la decisión sigue siendo muy controvertida.

En 2005, cuando todavía era un planeta, la NASA lanzó la sonda *New Horizons* para explorar Plutón. Para cuando llegó en 2015, su destino había dejado de ser un planeta. Planeta o no, la sonda reveló un lugar fascinante que superaba con creces las expectativas de muchos astrónomos. No solo conseguimos las primeras imágenes en alta resolución de este mundo helado, sino que además resultó ser más activo de lo que nadie sospechaba. A pesar de que sus temperaturas pueden descender hasta los –240 grados centígrados, en el pasado reciente algunos procesos geológicos desconocidos remodelaron su superficie.

Como preparación para la llegada de la *New Horizons*, los astrónomos escudriñaron la zona alrededor de Plutón en busca de cualquier signo que indicase la presencia de lunas adicionales que pudiesen poner la misión en peligro. Encontraron dos, Cerbero y Estigia, las cuales se unieron a las otras tres ya conocidas: Caronte, Nix e Hidra.

# Los planetas enanos

La decisión de aplicar una definición estricta de lo que es un planeta, junto con las reglas que un objeto ha de cumplir para poder considerarse como planeta enano, inflaron considerablemente los libros de texto. A continuación reproducimos parte de la resolución aprobada por los astrónomos en la asamblea de la UAI celebrada en Praga en agosto de 2006:

(1) Un planeta es un cuerpo celeste que:
    (a)  está en órbita alrededor del Sol,
    (b)  cuenta con suficiente masa como para que su gravedad sea mayor que las fuerzas rígidas del cuerpo, de modo que asuma la forma correspondiente al equilibrio hidrostático (casi esférica)
    (c)  y ha despejado el vecindario alrededor de su órbita.

(2) Un «planeta enano» es un cuerpo celeste que:
    (a)  está en órbita alrededor del Sol,
    (b)  cuenta con suficiente masa como para que su gravedad sea mayor que las fuerzas rígidas del cuerpo, de modo que asuma la forma correspondiente al equilibrio hidrostático (casi esférica),
    (c)  no ha despejado el vecindario alrededor de su órbita
    (d)  y no es un satélite.

Plutón no cumple el punto 1c, pero lo que él perdió lo ganó Ceres, el asteroide más grande del cinturón principal y que también fue considerado como un planeta cuando se descubrió en 1801. Perdió dicho estatus poco después, pero gracias a la resolución de 2006 adquirió la categoría de planeta enano. Eris, Haumea y Makemake, tres mundos más distantes que Plutón, también fueron ungidos con el título de planeta enano.

Eris es el objeto más grande del sistema solar que aún no ha sido visitado por una nave espacial. Se encuentra casi cien veces más lejos del sol que la Tierra y tarda 558 años en completar una órbita. Le acompaña al menos una luna: Disnomia.

Haumea es un extraño cuerpo con forma ovoidal que gira en torno al Sol junto con sus satélites Hi'aka y Namaka. En 2017 se descubrió que tiene un anillo. Lleva el nombre de una diosa hawaiana, ya que fue descubierto utilizando telescopios ubicados en esta isla. Sin embargo, en un primer momento recibió el apodo de Santa debido a que fue descubierto justo después de Navidad.

El nombre de Makemake proviene de la mitología de la isla de Pascua, simplemente porque se descubrió durante la Semana Santa (de ahí también su apodo original, Easter Bunny, que significa «conejito de Pascua»). En 2016 se anunció el descubrimiento de una luna, pero en el momento de escribir este libro, aún no ha sido nombrada oficialmente.

En realidad, no existen tan solo cinco planetas enanos, sino que hay muchos más. Es casi seguro que Sedna, por ejemplo, forma parte de la lista. Sin embargo, tiene una órbita de 11.400 años, lo que hace que sea muy complicado verificar con precisión si cumple el criterio de tener una forma casi esférica. Es de esperar que aparezcan más planetas enanos a medida que vayamos construyendo telescopios más grandes y potentes y observemos más de cerca estos pequeños y remotos mundos.

# El cinturón de Kuiper y el disco disperso

El descubrimiento de Plutón en 1930 hizo que la imaginación de los astrónomos se disparase. Empezaron a especular con la posibilidad de que el nuevo planeta fuese tan solo uno de muchos mundos que orbitan en torno al Sol más allá de Neptuno. A lo largo de las décadas siguientes, diversos pensadores propusieron distintas variaciones de esta idea, pero el nombre que más se asocia con esta región es el del astrónomo holandés Gerard Kuiper. Hoy en día conocemos a esta zona como el *cinturón de Kuiper*.

Esta denominación parece un poco cruel e improcedente, sobre todo teniendo en cuenta que Kuiper dijo explícitamente que el cinturón ya no existía. El astrónomo irlandés Kenneth Edgeworth estuvo más cerca de la verdad y publicó sus ideas antes de Kuiper. Sin embargo, cuando en 1992 se descubrió el primer objeto transneptuniano aparte de Plutón, se ensalzó como prueba de la existencia del cinturón de Kuiper, no del cinturón de Edgeworth.

El cinturón de Kuiper se extiende desde la órbita de Neptuno hasta una distancia unas 55 veces mayor que la que separa la Tierra del Sol. Hasta ahora se han encontrado más de mil objetos del cinturón de Kuiper (o KBO, siglas en inglés de Kuiper Belt Objects) y los astrónomos creen que podría haber alrededor de 100.000 con más de 100 kilómetros de diámetro. Sin embargo, su masa combinada no llega ni a una décima parte de la masa de la Tierra. Se cree que estos objetos se formaron a partir de planetesimales de la misma manera que los planetas, pero son mucho más pequeños porque a tanta distancia del Sol había menos materiales disponibles. Plutón es el KBO más famoso, junto con los planetas enanos Haumea y Makemake.

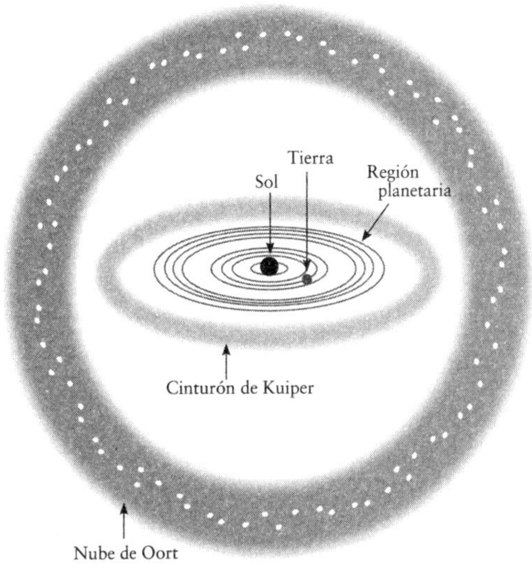


El sistema solar no se limita a los planetas. Más allá de
Neptuno se encuentran el cinturón de Kuiper y la nube de Oort.

Eris, el otro planeta enano transneptuniano, se encuentra más allá del cinturón de Kuiper, en una región conocida como *disco disperso*. Las órbitas de los objetos de esta región pueden llevarlos cien veces más lejos del Sol que la Tierra. El origen del disco disperso no se ha definido de manera concluyente, pero la mayoría de los astrónomos señalan como culpable a Neptuno: el planeta habría dispersado los objetos del cinturón de Kuiper a medida que se fue alejando del Sol al principio de la historia del sistema solar (ver página 155).

# Los planetas noveno y décimo

«Mi Vieja Tía Marta Jamás Supo Untar Nada en el Pan.» Con esta regla nemotécnica solía ser muy sencillo recordar el orden de los nueve planetas del sistema solar, pero entonces Plutón bajó de categoría y tuvimos que idear alguna otra argucia para recordarlos. Pues bien, será mejor que estemos preparados para cambiarla de nuevo...

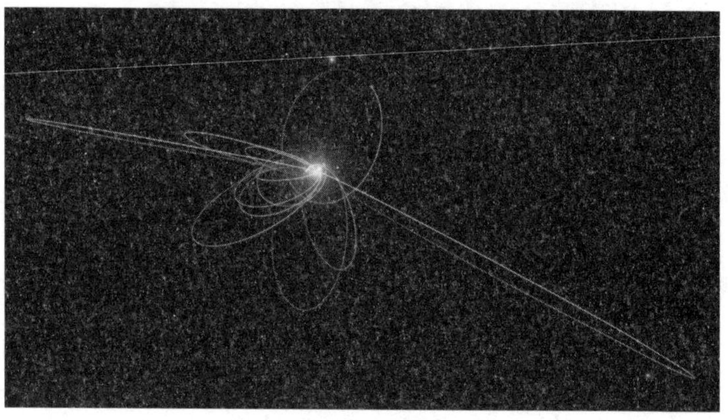

La similitud en los ángulos de las órbitas de varios objetos pequeños del sistema solar exterior podrían ser el resultado de la gravedad de un noveno planeta aún no detectado.

Cuanto más exploramos los objetos transneptunianos, mayores son las evidencias que indican que algo extraño está sucediendo en esta región del espacio. En 2014 se observó que dos objetos del cinturón de Kuiper, Sedna y 2012 VP$_{113}$, tenían órbitas muy similares. En concreto, presentaban un *argumento de perihelio* (el ángulo en el que se inclinan hacia los planetas en el punto de mayor aproximación al Sol) común. Este valor debería ser más o menos aleatorio, pero en este caso ambas cifras son misteriosamente similares. Más adelante, en 2016, los astrónomos revelaron que otros cuatro objetos comparten la misma característica. Se estimó que la probabilidad de que eso pudiese ocurrir por azar es tan solo de un 0,007 por ciento.

La explicación más aceptada es que aún nos falta por descubrir un planeta en nuestro sistema solar. Del mismo modo que encontramos Neptuno basándonos en los efectos que su fuerza gravitatoria causaba sobre Urano (ver página 64), la atracción de este planeta aún no descubierto podría estar alineando las órbitas de estos seis pequeños mundos. Este planeta debería tener diez veces la masa de la Tierra y tardar entre 10.000 y 20.000 años en completar una órbita alrededor del Sol. En la actualidad, los astrónomos están escudriñando los cielos frenéticamente, tratando de encontrarlo. De hallarlo, sería el primer planeta nuevo en casi dos siglos.

Incluso es posible que haya dos. En junio de 2017 varios astrónomos publicaron una investigación que sugiere que un décimo planeta (si es que el noveno efectivamente está ahí fuera) podría explicar las órbitas deformadas de algunos otros objetos del cinturón de Kuiper. En este caso, tendría que ser mucho más pequeño que el noveno planeta y tener aproximadamente la masa de Marte.

Está claro que nuestro modelo del sistema solar dista mucho de estar completo y muy bien podría verse alterado en los próximos años.

# Las sondas *Voyager* y la heliosfera

¿Dónde termina el sistema solar exactamente? Una forma de definir sus fronteras es ver dónde empieza a disminuir la influencia magnética del Sol, y gracias a las sondas Voyager disponemos de datos precisos sobre la llamada *heliosfera*.

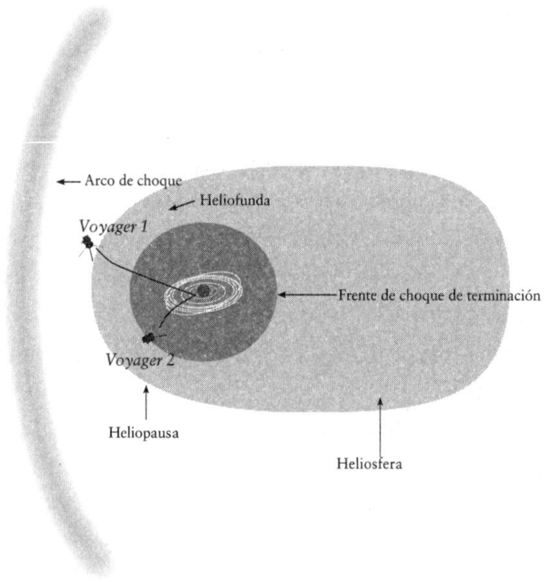


En 2012 la sonda *Voyager 1* atravesó la heliopausa y se convirtió en el primer objeto hecho por el hombre en abandonar el sistema solar.

Mientras la *Voyager 2* se ocupaba de explorar Urano y Neptuno, la *Voyager 1* avanzaba hacia los límites del sistema solar. Hoy se encuentra a más de 20.000 millones de kilómetros del Sol, y la *Voyager 2* la sigue unos 3.000 millones de kilómetros atrás. Aunque en el vacío del espacio

—negro como la tinta— no hay nada que ver, los instrumentos científicos de ambas sondas permanecen activos. Han estado enviando diariamente a casa mediciones del viento solar que quedaba a sus espaldas. Esas señales de radio tardan más de treinta horas en llegar a la Tierra.

## LA NUBE DE OORT

Los cometas de período corto (con órbitas de menos de 200 años) se originan en el cinturón de Kuiper y en el disco disperso (ver página 148). El cometa Halley y el 67P serían ejemplos de esto. Se cree que los cometas con órbitas más largas provienen de un reservorio más lejano conocido como *nube de Oort*. Esta nube comenzaría a una distancia mil veces mayor que la del disco disperso y se extendería hasta alcanzar los 30 billones de kilómetros del Sol (es decir, más de la mitad de la distancia que nos separa de la estrella más cercana). Su nombre proviene del astrónomo holandés Jan Oort, quien propuso la idea de su existencia en la década de los cincuenta. Sigue siendo una teoría, pues cualquier cometa que pudiera encontrarse en esa región está demasiado lejos del Sol como para poder observarlo directamente con los telescopios actuales. La *Voyager 1* llegará a esa zona en unos 300 años, pero para entonces ya hará mucho que sus baterías se habrán agotado. Los cometas de la nube de Oort estarían sujetos al Sol de una forma tan tenue que alguna estrella que pasara por las inmediaciones podría darle el empujoncito necesario para que se precipitase hacia el centro del sistema solar. Eso equivaldría a regresar al lugar del que provienen, pues los astrónomos creen que se formaron en el sistema solar interior y después se dispersaron debido a los movimientos de los planetas gigantes, hasta ocupar finalmente sus órbitas actuales.

Sorprendentemente, a partir de 2010 la velocidad del viento solar registrada por la *Voyager 1* se desplomó hasta cero. En agosto de 2012, los astrónomos ya estaban bastante seguros de poder declarar que la sonda había cruzado la heliopausa, el límite externo de la heliosfera, y que había penetrado en el espacio interestelar. La sonda es célebre por ser el primer emisario de la Tierra que abandona el sistema solar. A su velocidad actual, tardaría unos 30.000 años en alcanzar el siguiente sistema solar.

Indudablemente, los logros de la *Voyager 1* deberían pasar a la historia como un valiosísimo primer paso, pero deberíamos ser cautos a la hora de afirmar que ha salido del sistema solar, pues eso solo es cierto si definimos sus límites en función de sus propiedades magnéticas. Es probable que en zonas más distantes haya objetos importantes que también orbiten alrededor del Sol —entre los cuales podría encontrarse el noveno planeta—. En ese caso, ¿cómo podría la *Voyager 1* haber abandonado realmente el sistema solar si aún no ha alcanzado la distancia del planeta más lejano del Sol?

## El modelo de Niza

La imagen que tenemos actualmente del sistema solar nos muestra un lugar complejo con muchas particularidades de difícil explicación. Elaborar un modelo coherente que explique cómo a partir de un disco de detritos que rodeaba al Sol primigenio se ha llegado a formar un intrincado sistema de planetas, lunas, planetas enanos, asteroides y cometas, no es tarea fácil. La aparición en los últimos años de superordenadores capaces de generar modelos extremadamente detallados ha impulsado en gran medida estos esfuerzos. De entre todos los modelos propuestos, hasta ahora el que mejor se ajusta a los datos observacionales es el llamado *modelo de Niza*, que lleva el nombre de la ciudad de Francia en el que se creó. Este modelo sugiere que en un primer momento los cuatro planetas gigantes formaban un grupo más compacto y posteriormente las interacciones gravitacionales hicieron que migrasen hasta las posiciones que ocupan hoy en día. El mejor ajuste con el sistema solar tal como es en la actualidad se consigue postulando que Júpiter se desplazó hacia el interior y los otros tres planetas gaseosos hacia el exterior. En algunos modelos, Urano y Neptuno incluso llegan a intercambiar sus posiciones. A medida que Júpiter fue invadiendo el cinturón de asteroides, habría esparcido a su paso gran cantidad de rocas espaciales, lo cual quizá podría dar cuenta del bombardeo intenso tardío (ver página 115). Del mismo modo, el empuje externo de Neptuno alteraría el cinturón de Kuiper, lo que daría lugar a la formación del disco disperso. También podría haber recogido gravitacionalmente del cinturón a Tritón, su gran luna irregular (ver página 143). Por último, algunos cometas se habrían dispersado lo suficiente como para formar la lejana nube de Oort.

En un primer momento, el modelo de Niza consideró únicamente cuatro planetas gigantes, pero los astrónomos también probaron cómo funcionaba el modelo si añadían un quinto planeta gigante de distintos tamaños. Para su sorpresa, esto produjo un sistema solar que se parecía aún más al nuestro. Si realmente existió un quinto planeta gigante, ¿dónde está ahora? Si también acabó siendo dispersado por sus vecinos más voluminosos, entonces podría haber quedado abandonado a su suerte más allá de la órbita de Neptuno. Si finalmente se encuentra el noveno planeta, casi con total seguridad se trataría del planeta perdido (ver página 150).

El único problema del modelo de Niza con cinco planetas gigantes es que simulaciones recientes han demostrado que sus migraciones habrían tenido un efecto catastrófico sobre los planetas rocosos. En casi todos los modelos, Mercurio acaba siendo expulsado por completo del sistema solar, algo que, como es lógico, no ha sucedido. El modelo de Niza con cinco planetas gigantes podría salvarse argumentando que la migración de esos planetas debe haber ocurrido antes de que se formaran los planetas rocosos, pero entonces la migración de Júpiter no puede explicar el bombardeo intenso tardío, lo cual, por otra parte, encajaría a la perfección con la teoría de que ese evento nunca tuvo lugar (ver página 115).

Como vemos, nuestras ideas sobre cómo se formó el sistema solar evolucionan y cambian constantemente a medida que vamos ajustando las simulaciones por ordenador y van apareciendo nuevos descubrimientos sobre la inmensidad que se extiende más allá de Neptuno.

**4**

# Las estrellas

## ¿Cuánto brillan?

No hay más que echar un vistazo al cielo nocturno para comprobar que algunas estrellas brillan más que otras. Los astrónomos disponen de un parámetro que mide lo brillante que es una estrella desde nuestra posición: la *magnitud aparente*. El sistema está basado en la estrella Vega, una de las estrellas más brillantes del cielo nocturno, a la cual se le atribuye una magnitud aparente de cero. Cualquier estrella con una magnitud aparente negativa es más brillante que Vega, mientras que aquellas otras con valor positivo son más tenues. Cada unidad en la escala equivale aproximadamente a una diferencia de brillo de 2,5 veces. Por lo tanto, una estrella con una magnitud de –1,0 sería 2,5 veces más brillante de Vega, mientras que otra con una magnitud de +2,0 sería 6,25 veces más tenue (2,5 × 2,5).

Sin embargo, los objetos más brillantes del cielo nocturno no son estrellas. Algunos de los cuerpos celestes más deslumbrantes son la luna llena (–12,74), la Estación Espacial Internacional (–5,9), Venus (–4,89), Júpiter (–2,94) o Marte (−2,91). Sirio, con un valor de −1,47, es la estrella más brillante.

## LAS ESTRELLAS VARIABLES

No todas las estrellas tienen un brillo fijo, sino que hay algunas cuya magnitud aparente parece variar con el tiempo, por lo que los astrónomos las llaman *estrellas variables*. Por lo general, este fenómeno se debe a una de estas dos razones: o bien su brillo cambia realmente o bien algún objeto se interpone de forma periódica en su camino.

Una de las estrellas variables más famosas es Algol, también conocida como Estrella del Demonio. En los mapas estelares a menudo aparece representada como el malvado ojo de la cabeza cercenada de Medusa, sostenida en alto por el héroe Perseo. Cada 2,86 días su magnitud desciende de 2,1 a 3,4 durante un período de unas 10 horas. Eso se debe a que no se trata de una sola estrella, sino de un sistema formado por tres estrellas. Parece atenuarse cuando una de las estrellas más tenues eclipsa parcialmente a la más brillante.

Otra clase de estrellas variables famosas son las cefeidas. Polaris —la Estrella Polar o Estrella del Norte— es el ejemplo más cercano a la Tierra. Estas estrellas se expanden y se contraen de forma periódica, lo que hace que se vuelvan más brillantes o más tenues siguiendo un patrón repetitivo.

Que una estrella parezca brillante en el cielo nocturno no tiene por qué implicar que sea especialmente brillante en realidad. Este efecto puede deberse sencillamente a que se encuentra más cerca de nosotros. Del mismo modo, una estrella muy brillante puede parecernos muy tenue si se encuentra a una gran distancia. Así pues, los astrónomos utilizan una medida alternativa para cuantificar el brillo real de las estrellas, la *magnitud absoluta*, que indica lo brillante que sería una estrella si la observásemos a una distancia de 32,6 años luz. Se mide empleando la misma escala que la magnitud aparente.

Sirio es un ejemplo clásico: su magnitud aparente es de unos resplandecientes –1,47, mientras que su magnitud absoluta es de 1,42. Si nos parece que es la estrella más brillante del cielo nocturno es solo porque se encuentra relativamente cerca de nosotros. Rigel, una estrella de la constelación adyacente de Orión, tiene una magnitud aparente de 0,12, pero una magnitud absoluta de –7,84. Es una de las estrellas más intrínsecamente luminosas que pueden verse en el cielo nocturno.


## ¿A qué distancia se encuentran?

Para calcular la magnitud absoluta de una estrella tenemos que saber a qué distancia se encuentra. Una vez conocido este parámetro, podemos inferir su magnitud absoluta a partir de su magnitud aparente. Pero no es posible tender una cinta métrica en el cielo, así que, ¿cómo se calculan esas distancias? Para las estrellas más cercanas, incluidas muchas de las que son visibles en el cielo nocturno, los astrónomos utilizan una técnica llamada *paralaje*.

Para entender cómo funciona, reemplaza la estrella en cuestión por tu dedo índice. Levántalo con el brazo extendido, cierra un ojo y alinea el dedo con un objeto que se encuentre a cierta distancia (tal vez el borde de un cuadro o el rincón de una habitación). Ahora cierra el ojo que tienes abierto y abre el otro. Deberías ver cómo tu dedo salta hacia un lado. Después repite el ejercicio, pero con el dedo mucho más cerca de la cara. ¿Ha saltado más o menos que antes? Es de esperar que ahora veas que tu dedo ha saltado bastante más. Cuando un objeto cercano se ve desde dos puntos (en este caso, tus dos ojos), su desplazamiento es mayor en relación al fondo que cuando se trata de otro objeto más distante. Los astrónomos replican el efecto que producen tus dos ojos observando una misma estrella a intervalos de seis meses, cuando la Tierra se encuentra al otro lado del Sol. Una estrella cercana se desplaza mucho más con respecto al fondo que otra que se encuentre más lejos. Con una serie de cálculos trigonométricos es posible inferir la distancia a la que está la estrella a partir del ángulo que forma según la posición de observación. El telescopio Gaia que la Agencia Espacial Europea lanzó en 2013 es capaz de medir mediante paralaje la distancia de las estrellas que se encuentran a unas pocas decenas de miles de años luz de la Tierra. Para distancias mayores, el ángulo se vuelve demasiado pequeño como para poder medirlo con precisión, por lo que para medir distancias cósmicas los astrónomos recurren a otro método (ver página 229).

## ¿A qué temperatura están?

Los grifos del baño te han estado mintiendo toda tu vida. Cada día nos lavamos las manos y nos cepillamos los dientes frente a un lavabo que insiste en que el color rojo significa «caliente» y el azul «frío», cuando en realidad es justamente al revés. Y no hace falta mirar las estrellas para comprobarlo.

Las llamas más calientes, por ejemplo las que produce un soplete, son azules, mientras que una llama normal en un espacio abierto es amarilla. Solo cuando el fuego empieza a enfriarse y a desvanecerse se ilumina con una tonalidad roja.

Las estrellas no están en llamas, pero el principio es el mismo. Por eso, observando el color de una estrella podemos saber lo caliente que está. Las estrellas más frías son rojas y la temperatura de su superficie ronda los 3.000 K (Kelvin; para convertir a grados centígrados solo hay que restar 273). Las estrellas amarillas ocupan una posición intermedia, con temperaturas superficiales en torno a los 6.000 K. Por su parte, las estrellas más calientes, que parecen azules, pueden alcanzar temperaturas de 50.000 K.

Los astrónomos dividen las estrellas en siete grupos en función de su color, utilizando un sistema conocido como *clasificación espectral de Harvard*. Los distintos grupos reciben las letras O, B, A, F, G, K y M. Originalmente iban de la A a la Q, pero resultó que había superposiciones significativas entre ellos, por lo que muchos grupos fueron descartados.

| Clase espectral | Color | Temperatura (K) | Porcentaje del total de estrellas |
|---|---|---|---|
| O | Azul | >30.000 | 0,00003 |
| B | Azul-Blanco | 10.000-30.000 | 0,1 |
| A | Blanco | 7.500-10.000 | 0,5 |
| F | Amarillo-Blanco | 6.000-7.500 | 3 |
| G | Amarillo | 5.200-6.000 | 7,5 |
| K | Naranja | 3.700-5.200 | 12 |
| M | Rojo | 2.400-3.700 | 76,5 |

El Sol es una estrella de clase G, lo que significa que la mayoría de las estrellas del universo son más frías que la nuestra. La estrella de clase O más brillante del cielo nocturno es Alnitak, que forma parte del cinturón de Orión. La luz de las estrellas de clase M es demasiado débil como para poder verlas a simple vista.

Los porcentajes que aquí se muestran se refieren a estrellas que se encuentran en la parte principal de su vida (los astrónomos dirían que son estrellas pertenecientes a la secuencia principal, ya que caen dentro de la línea diagonal de un diagrama de Hertzsprung-Russell).

## El diagrama de Hertzsprung-Russell

El diagrama de Hertzsprung-Russell (abreviado H-R) es el gráfico más icónico de la astronomía. Relaciona la magnitud absoluta de las estrellas con su color (o clase espectral). Fue creado a principios del siglo XX por el astrónomo danés Ejnar Hertzsprung y el astrónomo estadounidense Henry Norris Russell como herramienta para visualizar la evolución de las estrellas.

Las estrellas pequeñas y frías (las clases K y M) se encuentran en la esquina inferior derecha del gráfico, mientras que las más grandes y calientes (las clases O y B) se encuentran en la parte superior izquierda. La línea media que separa estos dos extremos se conoce como *secuencia principal*.

Al igual que el Sol, las estrellas de esta banda fusionan hidrógeno y producen helio (ver página 75). Sin embargo, las estrellas se van quedando sin hidrógeno en el núcleo a medida que van envejeciendo. Más adelante veremos con más detalle cómo es este proceso, pero por ahora basta con que sepamos que al quedarse sin hidrógeno la estrella se hincha, con lo que ha de distribuir su calor sobre una superficie mucho mayor, lo que hace que adquiera una tonalidad rojiza. En este caso, los astrónomos dicen que en su evolución «se ha salido de la secuencia principal», ya que estas gigantes rojas y supergigantes rojas se encuentran por encima de la línea.

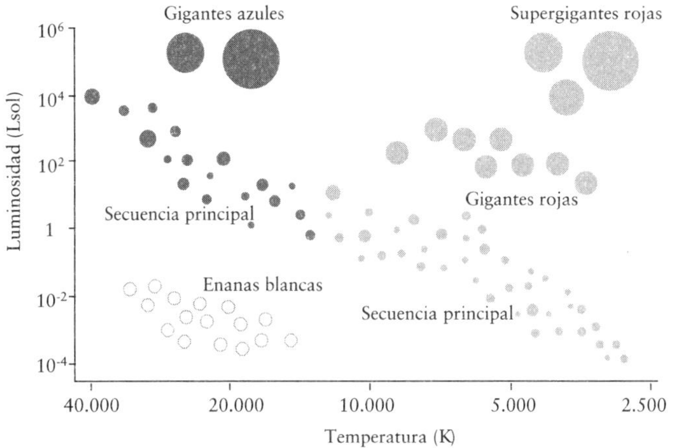


El diagrama de Hertzsprung-Russell muestra la relación que hay entre la temperatura de una estrella y su luminosidad. Las estrellas pasan la mayor parte de su vida en la «secuencia principal».

# ¿Qué tamaño tienen?

Las estrellas pueden tener distintas masas y tamaños, pero los astrónomos han descubierto que existe una relación estricta entre la masa de una estrella y su luminosidad. A esto se le llama *relación masa-luminosidad*. Cuanto más masiva es una estrella, mayor es su brillo inherente (es decir, su magnitud absoluta).

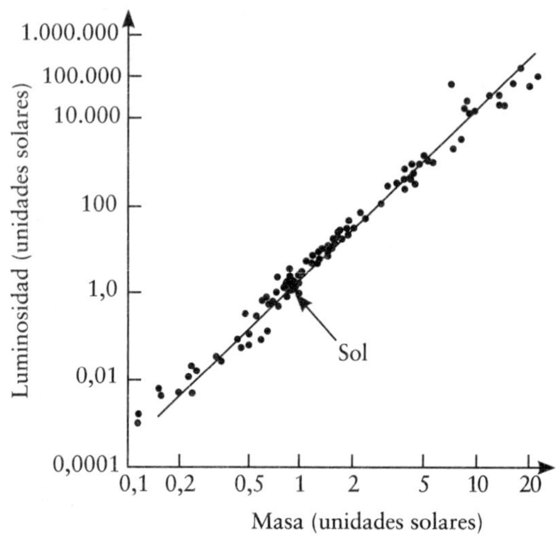


Los astrónomos han descubierto la existencia de una estrecha relación entre la masa de una estrella y su brillo (su luminosidad), lo que les permite calcular el peso de una estrella a partir de su brillo.

Cuando se descubre una nueva estrella, para calcular su masa los astrónomos miden su magnitud aparente y después, usando la distancia a la que se encuentra, infieren su luminosidad (es decir, su magnitud absoluta). A partir de ahí, tan solo tienen que aplicar el gráfico de la relación masa-luminosidad para conocer su masa (ver tabla de la página siguiente). En el diagrama H-R, las estrellas con mayor masa se sitúan cerca de la parte superior izquierda de la secuencia principal, mientras que las que tienen menor masa aparecen en la parte inferior derecha. R136a1, una estrella de la Gran Nube de Magallanes, es la más masiva y luminosa que se conoce —es 315 veces más pesada que el Sol.

| Clase espectral | Masa (en múltiplos de la masa solar) |
| --- | --- |
| O | > 16 |
| B | 2,1–16 |
| A | 1,4–2,1 |
| F | 1,04–1,4 |
| G | 0,8–1,04 |
| K | 0,45–0,8 |
| M | 0,08–0,45 |

Los astrónomos también pueden calcular el tamaño de las estrellas usando la ley de Stefan, llamada así en honor al físico Josef Stefan (1835-1893), quien llegó a la conclusión de que la cantidad de energía por segundo que irradia un objeto caliente depende de su tamaño y su temperatura. En el caso de una estrella, sabemos cuánta energía irradia por segundo (su luminosidad). Por otro lado, a partir de su color podemos determinar su temperatura. De modo que conociendo estos datos podemos usar la ley de Stefan para calcular su tamaño.

UY Scuti es la estrella más grande que se conoce. Se encuentra en la pequeña constelación de Scutum («el escudo») y se estima que tiene un diámetro equivalente a 1.708 soles, lo que significa que caben aproximadamente 5.000 millones de soles dentro de su volumen. Si ocupase el lugar del Sol en nuestro sistema solar, su superficie quedaría entre las órbitas de Júpiter y Saturno.

# ¿Qué edad tienen?

En el universo primigenio, antes de que se formaran las estrellas, los únicos elementos que existían eran el hidrógeno y el helio. Después, las primeras estrellas entraron en combustión y empezaron a fusionar parte del hidrógeno para dar lugar a más helio, tal como ahora hace el Sol (ver página 75). Cuando esas estrellas envejecieron y se salieron de la secuencia principal, empezaron a convertir el helio en elementos aún más pesados como el carbono, el nitrógeno, el oxígeno, el silicio o el hierro (ver página 172). Al final de sus vidas, estas estrellas masivas explotaron en forma de supernovas brillantes, con lo que arrojaron estos elementos más pesados al universo. Algunos de ellos terminaron formando parte de nuevas estrellas.

Así pues, los astrónomos pueden datar las estrellas a partir de su composición química. Las estrellas más antiguas solo contienen hidrógeno y helio, pues se formaron en un momento en el que eso es lo único que había. En cambio, las estrellas más jóvenes se formaron cuando ya existía una gama mucho más amplia de ingredientes. Dicho de otro modo, son mucho más diversas a nivel químico. Para medir esto, los astrónomos usan un parámetro llamado *metalicidad*. A diferencia de los químicos, los astrónomos consideran como metal cualquier elemento distinto del hidrógeno o el helio. Una baja metalicidad significa que la estrella es antigua y aún conserva su constitución primigenia. Por el contrario, cuanto mayor es la metalicidad, más joven es la estrella. La metalicidad del Sol es de 0,02, lo que significa que el 2 por ciento de su masa proviene de elementos distintos al hidrógeno y el helio.

# CÚMULOS ABIERTOS Y GLOBULARES

En una noche despejada, lejos de las luces de la ciudad, puedes apreciar el resplandor de unas 3.000 estrellas. La mayoría parecen existir de forma aislada, pero si te fijas te darás cuenta de que algunas están agrupadas. Si observas el cielo con unos prismáticos, puedes ver aún más de estos cúmulos estelares, sobre todo a lo largo de la banda de la Vía Láctea.

Los astrónomos los dividen en dos categorías: cúmulos abiertos y cúmulos globulares. Los cúmulos abiertos se encuentran bastante dispersos, mientras que los globulares se parecen más a una burbuja. Sin embargo, su mayor diferencia radica en la edad de sus miembros; los cúmulos abiertos tienden a contener estrellas muy jóvenes, mientras que las estrellas de los cúmulos globulares son antiguas.

Tomemos por ejemplo el cúmulo abierto más famoso: las Pléyades de la constelación de Tauro (también conocidas como las Siete Hermanas). Sus estrellas tienen tan solo 100 millones de años, muy poco si lo comparamos con las estrellas de M13 (el gran cúmulo globular de Hércules), que tienen más de 11.000 millones de años. Si reemplazamos la edad del universo con la expectativa de vida media de un ser humano, las estrellas de M13 ya se hallarían muy cerca de la jubilación, mientras que las Pléyades aún estarían en pañales.

Por supuesto, para poder aplicar esta técnica en una estrella es necesario saber de qué está hecha. Para eso, los astrónomos recurren a la espectroscopia. Si hacemos pasar la luz procedente de una estrella por un instrumento llamado *espectrómetro* (que viene a ser como una especie de prisma), obtenemos una serie de líneas negras similares a las que descubrió Fraunhofer al analizar el espectro del Sol (ver página 71).

Se trata de líneas de absorción, colores que faltan debido a que distintos elementos de una estrella han absorbido esas frecuencias concretas de la luz, por lo que no emite dichas tonalidades. Este espectro es como una especie de código de barras en color y cumple exactamente la misma función: contiene información sobre lo que hay dentro de la estrella y, por consiguiente, sobre qué edad tiene.

## El ciclo de vida de las estrellas

### *El nacimiento de las estrellas*

Al igual que las personas, las estrellas nacen, envejecen y mueren. Se forman a partir de vastos y hermosos pilares de gas llamados *nubes moleculares* que están increíblemente dispersos. Si colocásemos un pequeño cubo cuyo lado midiese un centímetro dentro de una nube molecular, no habría más de unas cien moléculas de gas en su interior. En la Tierra ese mismo cubo contiene 100.000 billones de moléculas de aire, mientras que si lo pusiésemos en el corazón de una estrella contendría 100 billones de billones de partículas.

Entonces, ¿cómo se pasa de algo tan débilmente unido como una nube molecular a algo tan compacto como para fusionar hidrógeno en helio (el proceso que caracteriza a las estrellas)? El factor causante del desequilibrio es la gravedad. El astrónomo británico James Jeans (1877-1946) calculó la masa máxima que puede alcanzar una nube molecular antes de que la gravedad se vuelva predominante y comience a contraerse. Este valor se conoce como *masa de Jeans*, y depende de la temperatura y la densidad de la nube.

La contracción también puede desencadenarse por factores externos. Por ejemplo, dos nubes moleculares pueden fusionarse, de modo que su masa combinada exceda el valor de la masa de Jeans. O tal vez una estrella cercana explote y lance una intensa onda de choque a través de la nube que haga que el gas se concentre en determinadas zonas, con lo que a partir de ese momento la gravedad haría el resto.

Cuando una nube molecular se contrae, se fragmenta en secciones más pequeñas denominadas *protoestrellas*, que empiezan a girar más y más rápido (como cuando un patinador de hielo encoge los brazos). La temperatura y la presión continúan aumentando hasta que el hidrógeno se fusiona en helio dentro de una esfera de gas en rotación: ha nacido una estrella. Todo este proceso puede llevar decenas de millones de años.

Hoy día los astrónomos pueden observar cómo tiene lugar la formación de estrellas en regiones como la nebulosa de Orión, una deslumbrante fábrica de estrellas que es posible apreciar a simple vista como una mancha borrosa debajo de las tres estrellas del cinturón de Orión. Es la guardería estelar más cercana a la Tierra. También se ha detectado la presencia de una serie de discos planos y oscuros de escombros alrededor de algunas de estas estrellas infantiles. Se denominan *discos protoplanetarios* (también se les conoce por la abreviatura inglesa *proplyds*) y se cree que la gravedad irá esculpiendo estos discos hasta dar lugar a planetesimales y, posteriormente, a planetas.

# Las gigantes rojas

Una estrella consume más y más hidrógeno a medida que envejece, hasta que llega un momento en el que su velocidad de fusión empieza a disminuir. Esto significa que ya no produce tanta energía con la que proteger al núcleo contra la fuerza de la gravedad. Así pues, este se contrae, la temperatura aumenta y la tasa de fusión se incrementa. El correspondiente aumento de brillo que conlleva este proceso (y que pertenece a la secuencia principal) ha hecho que el Sol se vuelva en torno a un 30 por ciento más brillante desde que se formó hace 4.600 millones de años. Continuará haciéndose más luminoso y más caliente, hasta que llegue un momento —dentro de 1.000 millones de años—, en el que la temperatura en la Tierra sea muy superior a los 100 grados centígrados. Para entonces, nuestro planeta se convertirá en una roca calcinada y estéril y sus océanos se habrán evaporado por completo. El sol, el dador de la vida, será en última instancia también su exterminador.

Dentro de 5.000 millones de años, la fusión de hidrógeno que tiene lugar en su núcleo cesará por completo, por lo que se comprimirá y su temperatura se disparará de unos 15 millones de grados a alrededor de 100 millones de grados. La fusión de hidrógeno volverá a ponerse en marcha en una capa que rodeará como una cubierta al núcleo supercaliente. El reinicio de la fusión marcará el punto en el que el Sol empezará a salirse de la secuencia principal del diagrama de Hertzsprung-Russell, el gráfico que muestra la trayectoria que siguen las estrellas en su evolución (ver página 162).

La energía resultante de esta fusión revigorizada hará que las capas externas del Sol se expandan hacia fuera, hasta que se vuelva unas cien veces más grande de lo que es en la actualidad. Mercurio sucumbirá a su ardiente abrazo. Es posible que Venus también. Al tener que repartir su calor por una superficie mucho mayor, nuestro Sol adquirirá una tonalidad rojiza. Para entonces se habrá convertido en una *gigante roja*. Con una luminosidad más de 2.000 veces superior a la actual, fundirá fácilmente los metales de la superficie de la Tierra. Incluso puede que nuestro planeta sea engullido por las capas externas del Sol.

## Las nebulosas planetarias y las enanas blancas

En el núcleo de las gigantes rojas, el aumento de la temperatura hace que el helio se fusione y dé lugar a carbono y oxígeno, pero en las estrellas pequeñas (aquellas cuya masa no llega a ocho veces la masa del Sol), la temperatura y la presión no son suficientes como para fusionar el carbono y producir otros elementos. En ese caso, cuando el helio se agota, queda un denso núcleo de carbono-oxígeno del tamaño aproximado de la Tierra. Los astrónomos llaman a estos objetos *enanas blancas*. Al no disponer de ninguna nueva fuente de calor, acaban enfriándose y desvaneciéndose, con lo que se convierten en *enanas negras*.

Llegado este punto, los fuertes vientos estelares ya han barrido las capas externas de la gigante roja. No se trata de una explosión (no tiene tanta fuerza). El gas forma diversas capas alrededor de la enana blanca. Estos objetos se denominan *nebulosas planetarias*, pero en realidad no tienen nada que ver con los planetas. Cuando los astrónomos las descubrieron a través de los primeros telescopios, pensaron que eran planetas debido a la forma que les confieren estas capas gaseosas. Desde entonces, nuestra comprensión de estos objetos ha cambiado, pero este nombre, tan poco acertado, ha persistido.

Las nebulosas planetarias son unos de los cuerpos celestes más impresionantes a nivel visual que puede ofrecernos el cielo nocturno. Algunos famosos ejemplos son la nebulosa del Anillo de la constelación de Lira, con sus característicos colores de arcoíris, o la nebulosa Ojo de Gato, en la constelación del Dragón. Echa un vistazo a las fotos de estas gloriosas nubes de gas y no te costará distinguir la enana blanca que se esconde en su centro.

## Supergigantes rojas

Las estrellas cuya masa supera unas ocho o diez veces la del Sol evolucionan de manera diferente. Al principio, el proceso es similar, pero luego diverge drásticamente. En un primer momento se hinchan y alcanzan tamaños superiores incluso a los de las gigantes rojas. Estas *supergigantes rojas* pueden crecer hasta tener un diámetro equivalente a más de mil soles. También son mucho más brillantes que las gigantes rojas. Algunas de las estrellas más brillantes del cielo nocturno, entre las que se incluyen Betelgeuse (en Orión) y Antares (en Escorpio) se encuentran en esta fase de su vida. Si reemplazásemos al Sol por Antares, su borde exterior quedaría más allá de la órbita de Marte. Otras supergigantes rojas llegarían hasta Júpiter e incluso hasta Saturno.

Las mayores diferencias las encontramos en lo que ocurre en el núcleo. El enorme tamaño de estas estrellas se traduce en que la temperatura del núcleo aumenta hasta el punto en que se produce la fusión de carbono, dando lugar a magnesio y oxígeno. Cuando el núcleo consume todo el carbono se contrae aún más, la temperatura vuelve a aumentar y el oxígeno empieza a fusionarse en silicio y neón. Y ese mismo proceso se repite una y otra vez: cada vez que un elemento se agota, el núcleo se contrae más y la temperatura se eleva, lo que permite que, mediante el subsiguiente proceso de fusión, aparezca un nuevo elemento. El ritmo se acelera y cada una de estas etapas es más efímera que la anterior. Una estrella masiva puede haber estado quemando hidrógeno y produciendo helio durante 10 millones de años, pero la fase final de fusión del silicio para formar hierro dura tan solo un día.

No obstante, una vez que el proceso llega a ese punto se detiene. El hierro es el elemento más estable de la tabla periódica y no puede fusionarse. El núcleo de la estrella termina pareciéndose a una cebolla, con una masa de hierro en el centro rodeada por capas concéntricas de otros elementos que no han llegado a ser consumidos por completo. Puesto que ahora ya no hay nada que evite que la estrella colapse debido a la fuerza de la gravedad, su destino está sellado.

## Supernovas

En 1054, varios astrónomos chinos dejaron testimonio de la inesperada llegada de lo que describieron como una «estrella invitada». Fue como si hubiese aparecido de la nada y era tan resplandeciente que durante un mes se pudo ver a plena luz del día. Después se desvaneció poco a poco en el cielo nocturno, hasta desaparecer por completo casi dos años más tarde.

Ahora sabemos que presenciaron la explosión de una supernova, uno de los acontecimientos más violentos y energéticos del universo. En la actualidad, los astrónomos han identificado los restos de este cataclismo como la nebulosa del Cangrejo, en la constelación de Tauro. Hoy, casi mil años después, el gas aún continúa alejándose de la explosión a una velocidad de 1.500 kilómetros por segundo. Las supernovas vienen a ser como el último estertor agónico de una estrella masiva. Su brillo puede alcanzar el equivalente a 10.000 millones de soles y liberan más energía que la generada por la estrella durante toda su vida.

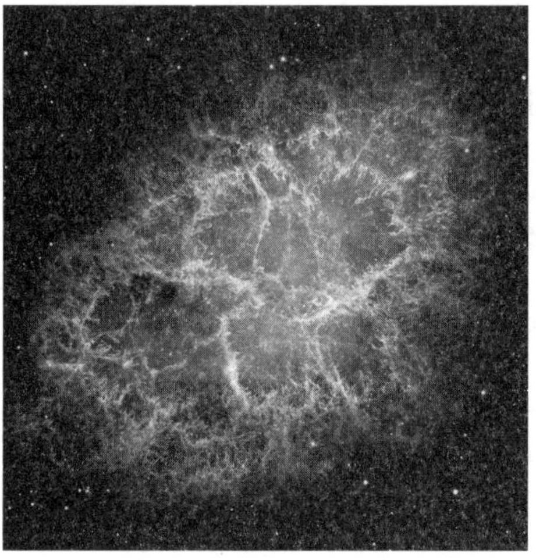

La famosa nebulosa del Cangrejo (M1) de la constelación de Tauro
es el remanente de la explosión de una supernova que estalló en 1054.

Las supernovas comienzan a formarse en el denso núcleo de hierro que queda en el corazón de las supergigantes rojas. Incapaz de resistir la gravedad, el núcleo colapsa sobre sí mismo en menos de un segundo a casi un cuarto de



UNIVERSO

la velocidad de la luz. Esto envía casi a esa misma velocidad una onda de choque hacia el exterior que desgarra las capas externas de la estrella, haciendo que estalle en pedazos.

La fuerza de la explosión provoca que los átomos choquen unos contra otros y den lugar a elementos más pesados que el hierro, de modo que las supernovas lanzan al espacio interestelar tanto los elementos que se han ido forjando en su interior por medio de la fusión como los que se producen en la explosión misma. Esto enriquece las nubes moleculares con una amplia variedad de elementos que después pasan a ser componentes constituyentes de las estrellas y los planetas que se formen en esa zona.

¿Llevas alguna joya? El oro, la plata, el platino... Todos estos elementos se forjaron en una supernova (y en las colisiones de estrellas de neutrones). Tanto el hierro de tu sangre como el oxígeno que ayuda a transportar por todo tu cuerpo, fueron creados en el interior de estrellas masivas por procesos de fusión y, después, una supernova los dispersó por el universo. Las estrellas son los recicladores cósmicos definitivos, y sin ellas no estaríamos aquí.

## Las estrellas de neutrones y los púlsares

En las profundidades de la nebulosa del Cangrejo yacen las humeantes ruinas de una estrella que, mucho tiempo atrás, resplandeció con gran intensidad. Después de que su denso núcleo de hierro se hundiese bajo su propio peso, colapsó y se convirtió en prácticamente nada. Debido a la enorme presión, el hierro se descompuso hasta quedar reducido a neutrones, las partículas de carga neutra que forman parte del núcleo de los átomos. Las estrellas de entre ocho y treinta veces la masa del Sol terminan de esta manera, rodeadas por los remanentes del estallido de una supernova.

Sin embargo, los neutrones no siguen compactándose indefinidamente. Hay un límite. Es por esto que el colapso se estabilizó cuando el núcleo ya había quedado reducido a una masa superdensa de tan solo 30 kilómetros de diámetro; lo único que queda de una colosal supergigante roja que una vez tuvo un diámetro 100.000 veces mayor que el de la Tierra es una bola más pequeña que Londres. En las estrellas de neutrones, cantidades enormes de masa quedan comprimidas en un espacio tan increíblemente pequeño que una sola cucharadita de su material pesa 10 millones de toneladas.

Al condensarse, la estrella aumenta su velocidad de giro. Puede que una vez su período de rotación fuese de varias semanas, pero ahora gira treinta veces por segundo. El campo magnético de esta clase de estrellas también se vuelve más concentrado y pasa a ser un billón de veces más intenso que el de la Tierra. Esto provoca que los materiales se aglutinen a una temperatura enorme y se transformen en potentísimos rayos que salen disparados de los polos de la estrella de neutrones, lo que las convierte en el equivalente cósmico de los faros. Si da la casualidad de que la Tierra se encuentra en la dirección de los haces giratorios, captamos ráfagas de ondas de radio regulares y repetitivas. Por eso llamamos a estos objetos *púlsares*, contracción de *pulsing star*, «estrella pulsante».

Los púlsares marcan el tiempo de una forma tan regular que, cuando Anthony Hewish y Jocelyn Bell descubrieron el primero en 1967, lo llamaron LGM-1, siglas que derivan de *little green men*, es decir, «pequeños hombrecillos

# LAS EXPLOSIONES DE RAYOS GAMMA

Si pensabas que las supernovas eran potentes, no son nada en comparación con la furia de una explosión de rayos gamma (también conocidas como GRB, siglas en inglés de Gamma-Ray Bursts). Pueden producir más energía en una descarga corta de 40 segundos que la que emitirá el Sol en sus 10.000 millones de años de existencia. Además, se pueden ver en todo el universo a miles de millones de años luz de distancia como brillantes puntos de luz. Fueron detectados por primera vez en 1967 por satélites de la Guerra Fría diseñados para recoger pruebas secretas de armas nucleares.

Las GRB se dividen en dos categorías: las cortas (de menos de dos segundos) y las largas. Siguen siendo un misterio en gran parte, pero se cree que las GRB largas son el resultado de estrellas masivas que detonaron como supernovas. Las GRB cortas (aproximadamente el 30 por ciento del total) probablemente provengan de la colisión de dos estrellas de neutrones.

Afortunadamente, todas las GRB vistas hasta ahora se han producido en zonas muy lejanas del universo, pues si el fogonazo de una de ellas alcanzase el sistema solar, podría ser catastrófico. Si la Tierra quedase atrapada en el haz (algo extremadamente improbable) la capa de ozono quedaría arrasada al tiempo que en la superficie se produciría un *evento de extinción* (es decir, una disminución rápida y generalizada de la biodiversidad terrestre).

verdes» o «extraterrestres», pues por aquel entonces se pensaba que ningún fenómeno natural podría producir un ritmo tan constante. Hoy en día sabemos que son los cronómetros más precisos de la naturaleza. Tanto es así que los astrónomos han planteado la posibilidad de tomarlos como base para la creación de futuras formas de Internet y de GPS galácticos. También los hemos empleado varias veces para indicar nuestra ubicación en la galaxia a potenciales civilizaciones inteligentes.

## Los agujeros negros

La gravedad es una fuerza muy débil. El planeta que tenemos bajo nuestros pies pesa 6 billones de billones de kilos, y sin embargo eso no nos impide saltar en el aire o hacer que un avión despegue. No obstante, esa libertad es solo temporal, pues, por lo general, todo lo que sube ha de bajar... A menos que lancemos algo hacia arriba a una velocidad increíblemente rápida; si fuésemos capaces de saltar en el suelo a 11 kilómetros por segundo, saldríamos del influjo de la gravedad de la Tierra antes de que esta pudiese arrastrarnos de nuevo hacia ella. Esta *velocidad de escape* es la que los ingenieros que se dedican a diseñar cohetes han de conseguir para poner sus cargas en órbita.

Cuanto más masivo y compacto es un objeto, mayor es su velocidad de escape. Siguiendo un orden creciente, Júpiter, el Sol, las enanas blancas y las estrellas de neutrones presentan velocidades de escape cada vez mayores. Sin embargo, los núcleos en fase de colapso de las estrellas más grandes dan origen a un objeto tan denso que su velocidad de escape excede la velocidad de la luz. Como no hay nada que pueda viajar a través del espacio más rápido que la luz (ver página 65), nada puede escapar de estos *agujeros negros* (de ahí su nombre: son negros porque toda la luz que cae en ellos es absorbida).

    UNIVERSO

Si te aventurases demasiado cerca de uno de estos agujeros negros, su gravedad te atraparía para siempre. Ningún cohete, por mucha potencia que tenga, sería capaz de liberarte de sus garras. El punto de no retorno recibe el nombre de *horizonte de sucesos*. Al atravesar este límite no notarías nada especial, pero tu destino quedaría sellado sin remedio. Pongamos por caso que viajas con los pies por delante. El agujero negro tiraría más fuerte de tus pies que de tu cabeza. Llegaría un momento en que la diferencia superaría a la fuerza de los enlaces atómicos que te mantienen unido, por lo que tu cuerpo se desgarraría. Los físicos llaman a este proceso *espaguetificación*.

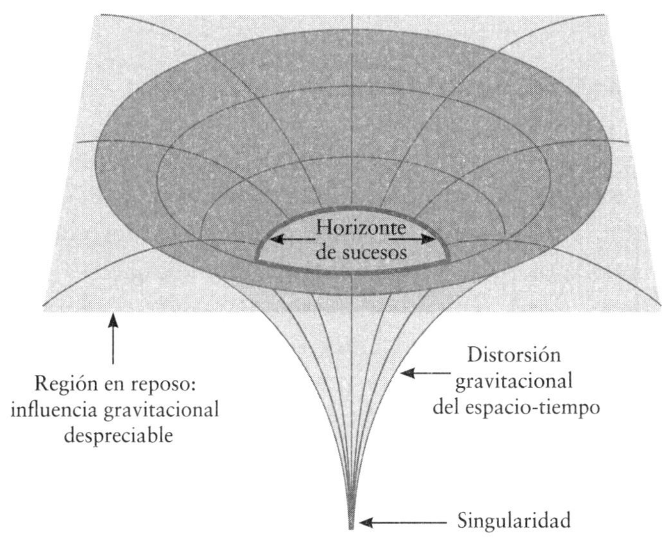


Cuando las estrellas más masivas mueren, deforman el espacio-tiempo hasta tal punto que forman agujeros negros, objetos de los que nada puede escapar.

¿Y dónde acabarían los espaguetificados pedazos de tu organismo? Esa es una de las preguntas más espinosas de la física moderna. Si seguimos al pie de la letra la teoría de la relatividad general de Einstein, hemos de concluir que el núcleo de la estrella colapsaría en un punto infinitamente pequeño e infinitamente pesado llamado *singularidad*. Aquí el tiempo y el espacio literalmente desaparecen. Según este modelo, cualquier material que cayese en la estrella se añadiría a la singularidad.

Sin embargo, es poco probable que esto sea lo único que ocurre, ya que este modelo no tiene en cuenta las reglas de la física cuántica que describen cómo se comporta el universo en las escalas más pequeñas (ver página 187).

## Ondas gravitacionales

El 14 de septiembre de 2015 quedará registrado para siempre como una fecha histórica para la ciencia. Ese día abrimos una ventana sin precedentes al universo. Pero la historia comienza «en una galaxia muy, muy lejana...».

Hace unos 1.300 millones de años, dos agujeros negros, cada uno con una masa treinta veces mayor que la del Sol, chocaron entre sí después de trazar una vertiginosa y mortal espiral que les acercaba cada vez más. El evento resultó tan catastrófico que produjo unas enormes ondas rugientes que se propagaron a través de la estructura misma del espacio-tiempo. Alejándose a la velocidad de la luz, estas ondas gravitacionales llegaron finalmente a la Tierra en septiembre del 2015. Por suerte, acabábamos de poner en marcha una máquina capaz de detectarlas. Después de estas, se han detectado otras ondas gravitacionales procedentes de la fusión de agujeros negros en diciembre de 2015, enero de 2017 y agosto de 2017. En esta última fecha también se captaron ondas producidas por la fusión de dos estrellas de neutrones. Este pequeño goteo de información inicial no tardará en convertirse en una auténtica inundación.

Hizo falta casi un siglo para poder realizar el primero de estos descubrimientos. Ya en 1915 Albert Einstein predijo la existencia de ondas gravitacionales como parte de su teoría general de la relatividad. Nos ha llevado tantísimo tiempo encontrarlas porque para cuando llegan a la Tierra son extraordinariamente pequeñas. Se desvanecen como las olas que genera un guijarro al arrojarlo en un estanque, y 1.300 millones de años luz es una distancia enorme.

Estas ondas fueron detectadas por el LIGO, acrónimo de Laser Interferometer Gravitational-Wave Observatory (Observatorio de Ondas Gravitacionales por Interferometría Láser), que consta de dos detectores ubicados en el estado de Washington y Luisiana. Cada uno de estos instrumentos está compuesto de dos tubos vacíos, idénticos, de 4 kilómetros de largo, que forman un ángulo recto entre sí. A través de los tubos se disparan rayos láser que chocan contra unos espejos situados en el otro extremo. Por lo general, los rayos láser reflejados alcanzan el punto de inicio exactamente al mismo tiempo, pero si en ese instante una onda gravitacional está atravesando los instrumentos, el espacio en uno de los tubos se estira y se encoge ligeramente (recordemos que las ondas gravitacionales son perturbaciones del propio continuo espacio-tiempo), lo que se traduce en que uno de los rayos llega al punto inicial antes que el otro.

El LIGO es tan sensible que puede detectar un cambio en la distancia a los espejos equivalente a una diezmilésima parte del ancho de un protón (las partículas cargadas positivamente del núcleo de los átomos). Eso es la mil millonésima parte de una mil millonésima de metro. Dicho de otro modo, es lo mismo que detectar un cambio equivalente al tamaño de un pelo humano en la distancia de 40 billones de kilómetros que nos separa de Proxima Centauri (la estrella más cercana después del Sol).

En octubre de 2017, los tres físicos que estaban a cargo de este descubrimiento recibieron el Premio Nobel de Física. Estas detecciones son completamente revolucionarias porque existen algunos fenómenos en el universo que solo emiten ondas gravitacionales. Ahora, por primera vez, hemos abierto los ojos a ellas y las podemos ver.

## La dilatación del tiempo

Desde el eclipse de Eddington de 1919 sabemos que los objetos masivos deforman el espacio a su alrededor tal como predice la teoría de la relatividad general de Einstein (ver página 65). Las ondas gravitacionales son evidencias que respaldan esta idea, pero lo que se deforma no es solo el espacio, sino también el tiempo. No olvidemos que Einstein dijo que el espacio y el tiempo están entremezclados en un entramado de cuatro dimensiones llamado *espacio-tiempo*. Eso significa que el tiempo transcurre a diferentes velocidades dependiendo de lo deformado que esté el continuo espacio-tiempo en ese punto. Si nos acercamos a un objeto pesado, el tiempo transcurrirá más lentamente para nosotros en comparación con el de alguien que esté más alejado.

El efecto de esta *dilatación del tiempo* es importante incluso en la Tierra. Se ha visto que relojes atómicos de alta precisión almacenados en diferentes repisas de un laboratorio pierden su sincronía debido a que unos están más cerca del suelo que otros. También tenemos que corregir los relojes que van a bordo de los satélites GPS, pues el tiempo trascurre a mayor velocidad en zonas alejadas de la superficie de la Tierra, donde el espacio-tiempo está menos deformado.

Sin embargo, en las proximidades de un agujero negro este efecto sería mucho más obvio. En la exitosa película *Interestellar*, cada hora que pasa para los astronautas que orbitan alrededor de un agujero negro equivale a siete años en la Tierra.

Si pudiésemos observar a alguien aproximándose a un agujero negro, veríamos que todo le sucede cada vez más a cámara lenta, hasta que llegaría un momento —cuando estuviese a punto de cruzar el horizonte de sucesos— en el que parecería haberse quedado totalmente inmóvil. Desde nuestra perspectiva, su tiempo se habría detenido por completo, mientras que desde la suya, sería nuestro tiempo el que parecería haber quedado paralizado.

Esto en cuanto a la dilatación gravitacional del tiempo, pero existe otro tipo de dilatación relacionada con la velocidad. Si te dijese que Usain Bolt te derrotaría en una carrera de cien metros, no te sorprendería. Atravesaría el espacio más rápido que tú, simplemente porque su velocidad es mayor que la tuya. Sin embargo, probablemente te resultaría extraño que te dijese que también atraviesa el tiempo más rápido que tú, y lo haría porque en realidad los dos estáis corriendo a través del espacio-tiempo. En este ejemplo, la diferencia es tan pequeña que jamás podrías percibirla, pero diferencias de velocidad mucho mayores producen un efecto más apreciable.

El cosmonauta Guennadi Pádalka ostenta el récord de ser la persona que ha pasado el mayor número de días en órbita alrededor de la Tierra: 879 en total, tanto en la *Mir* como en la Estación Espacial Internacional, entre los años 1998 y 2015. En todo ese tiempo ha estado viajando a velocidades de 28.000 kilómetros por hora. Teniendo en cuenta ambas formas de dilatación del tiempo, Guennadi es 0,02 segundos más joven de lo que hubiera sido de haberse quedado en la superficie. Eso le convierte en el mayor viajero del tiempo de la historia de la humanidad, ya que ha viajado una cincuentava parte de segundo hacia su propio futuro.

## Agujeros blancos y agujeros de gusano

Si un agujero negro es algo de lo que nunca podemos escapar, un agujero blanco es una región del espacio a la que jamás podemos regresar. Los agujeros negros son solo de entrada, mientras que los agujeros blancos son solo de salida. Por el momento su existencia es completamente teórica, una posibilidad matemática que solo existe en las ecuaciones de la teoría de la relatividad general de Einstein.

Aparecen cuando los físicos consideran lo que le sucede a la materia cuando se aproxima a la singularidad que hay en el centro de un agujero negro en rotación. En la década de los sesenta, el físico neozelandés Roy Kerr demostró que la singularidad del interior de un agujero negro giratorio no es un solo punto, sino un anillo. Tradicionalmente se creía que cualquier cosa que colisionase con una singularidad quedaría borrada del espacio y el tiempo, pero en el caso de que tuviese la forma de un anillo de Kerr, quizá podríamos atravesarlo y resultar ilesos.

 UNIVERSO

Si así fuese, ¿dónde apareceríamos? Las soluciones que Kerr propuso a las ecuaciones de Einstein sugieren que pasaríamos a través de un túnel conocido como *puente de Einstein-Rosen* antes de salir disparados por un agujero blanco en el otro lado. Algunos creen que apareceríamos en otra parte de nuestro universo, mientras que otros piensan que emergeríamos en un universo completamente distinto. En todo caso, puesto que los agujeros blancos son solo de salida, no podríamos regresar al punto de partida.

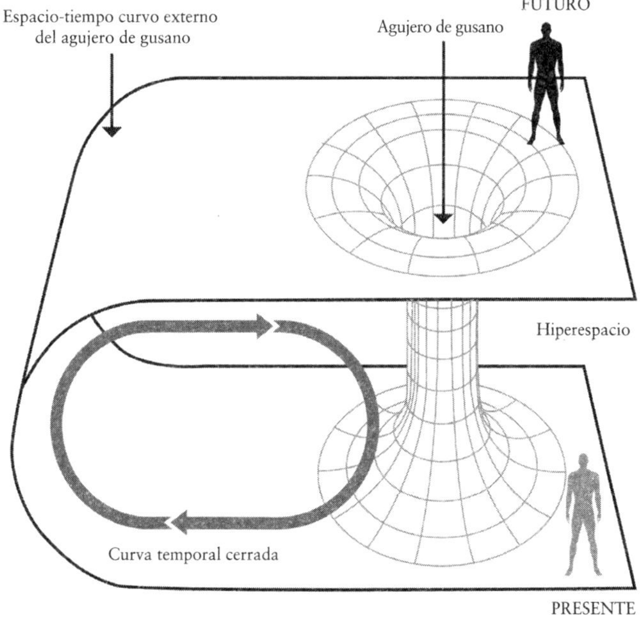


Es posible que el espacio-tiempo pueda deformarse de tal modo que se formen atajos entre dos puntos. Si así fuera, quizá también podríamos usarlos para viajar a través del tiempo.

Solemos referirnos a los puentes de Einstein-Rosen con un nombre mucho más coloquial: un *agujero de gusano*. El nombre proviene de la forma en la que los gusanos se desplazan por una manzana: o bien se arrastran por el exterior o bien van comiendo y escarbando un pasadizo que atraviesa la manzana de lado a lado por el centro. La ciencia ficción recurre con frecuencia a los agujeros de gusano como atajos para viajar tanto a través del espacio como a través del tiempo. De hecho, la física de los agujeros de gusano sugiere la posibilidad de usarlos para viajar al pasado. Pero, si existen —y, por supuesto, hay muchas dudas al respecto—, es probable que sean muy inestables y se cierren muy rápidamente.

Así pues, por ahora tanto los agujeros blancos como los agujeros de gusano no son más que curiosidades matemáticas, aunque eso podría cambiar si somos capaces de encontrar una *teoría de todo* (ver página 187).

## La radiación de Hawking

El cosmólogo y físico teórico Stephen Hawking dedicó toda su vida profesional a reflexionar sobre la extraña naturaleza de los agujeros negros. Una de sus contribuciones más importantes es la idea de que se van evaporando gradualmente gracias a un efecto conocido como *radiación de Hawking*.

Los físicos saben que el espacio, en apariencia vacío, nunca está realmente vacío. El universo está constantemente convirtiendo energía en pares de partículas, pero su existencia es solo temporal; como si de la carroza de Cenicienta se tratase, han de regresar rápidamente a su estado anterior, pues de lo contrario violarían leyes básicas de la física.

La genialidad de Hawking estuvo en imaginar cómo tendría lugar este proceso en el horizonte de sucesos de un agujero negro. Si una partícula termina en el interior del agujero negro mientras que la otra permanece fuera de él, nunca podrían retornar a su estado anterior (es decir, no podrían convertirse en el equivalente a la calabaza de Cenicienta en el mundo de las partículas).

Se cree que los agujeros negros pierden energía lentamente a medida que las partículas escapan de ellos (dichas partículas constituyen la radiación de Hawking). Pero en este caso decir que «pierden energía lentamente» no es más que un eufemismo. Ni siquiera hablar de un ritmo glacial le haría justicia, pues un agujero negro de la masa del Sol tardaría unos 20 billones de trillones de trillones de trillones de años en evaporarse por completo. ¡Nada menos que un 2 seguido de 67 ceros!

Sin embargo, esto también significa que los agujeros negros no son completamente negros, sino que emiten un ligero resplandor debido a la radiación de Hawking.

## Una teoría de todo

Los trabajos de Stephen Hawking sobre la evaporación de los agujeros negros a través de la radiación que lleva su nombre se basan en las dos teorías más importantes de la física: la mecánica cuántica (que estipula las reglas que siguen las partículas en las escalas más pequeñas) y la relatividad general de Einstein.

Los agujeros negros constituyen un entorno único, pues en ellos ambos marcos teóricos son importantes. Por lo general, cuando se estudia la gravedad y las órbitas de los planetas no es necesario preocuparse por la física cuántica. Y al contrario, si estamos estudiando el funcionamiento de los átomos, no es necesario que tengamos en cuenta la gravedad. Sin embargo, las cosas son diferentes en un agujero negro. Cuando una estrella colapsa, una gran cantidad de material se concentra en un espacio muy pequeño: de pronto la gravedad sí tiene un efecto relevante en la escala atómica.

La teoría de la relatividad general explica que la gravedad es resultado de la deformación del espacio-tiempo, y si seguimos sus postulados al pie de la letra hemos de concluir que los agujeros negros deforman el espacio-tiempo y lo convierten en lo que denominamos una *singularidad*: un punto infinitamente pequeño e infinitamente pesado en el que los conceptos de espacio y tiempo dejan de existir. Pero ¿qué significa realmente que algo sea infinitamente pequeño o infinitamente pesado? Cabe suponer que las reglas de la física cuántica tengan algo que decir sobre una región mucho más pequeña que un átomo.

Los físicos son muy conscientes de estos problemas y han tratado de unificar la física cuántica y la relatividad general en una sola teoría, un marco único con el que poder explicar todo lo que ocurre en el universo, desde la más diminuta partícula subatómica hasta el más voluminoso supercúmulo galáctico. Dicha teoría se conoce como *teoría de todo*.

Sin embargo, los físicos han visto sus intentos frustrados a cada paso que daban en esta búsqueda. Estas dos teorías sencillamente no encajan. Son completamente incompatibles, y aplicar una a la otra da lugar a diferencias irreconciliables. Esto ha llevado a los físicos a explorar posibilidades extremas, como por ejemplo que puedan existir más dimensiones que las cuatro (tres del espacio y una del tiempo) a las que estamos acostumbrados.

## La teoría de (super)cuerdas y la gravedad cuántica de bucles

En los últimos años la teoría de cuerdas ha pasado a formar parte de la cultura popular gracias a Sheldon Cooper, el genio socialmente inadaptado de la exitosa serie de la CBS *The Big Bang Theory*. Dicha teoría es una de las maneras en las que los físicos están tratando de aunar la física cuántica y la gravedad en una teoría de todo. Su premisa básica es que todo lo que vemos a nuestro alrededor está hecho de unas diminutas cuerdas vibratorias. Al igual que podemos tocar las cuerdas de un instrumento musical de formas distintas y así crear diferentes notas, las distintas formas en las que vibran estas cuerdas darían lugar a las diferentes partículas subatómicas. Cuando este modelo se fusionó con otra teoría llamada *supersimetría* (ver página 217) pasó a ser conocida con el nombre de *teoría de supercuerdas*.

Usando este paradigma, los teóricos de cuerdas han sido capaces de combinar matemáticamente la física cuántica y la relatividad general, pero las ecuaciones solo funcionan si se asume la existencia de nueve dimensiones en el espacio. Para explicar por qué solo experimentamos un mundo tridimensional, los físicos arguyen que las otras seis dimensiones deben estar tan «plegadas» o «enrolladas» sobre sí mismas que no son perceptibles. Sin embargo, por ahora no hay ninguna evidencia de la existencia de estas dimensiones adicionales ni de que la teoría de supercuerdas sea algo más que una elegante elucubración matemática.

En las primeras temporadas de la serie *The Big Bang Theory*, la eterna antagonista de Sheldon es Leslie Winkle, una física rival que trabaja con la teoría de la gravedad cuántica de bucles (*Loop Quantum Gravity*, en inglés, también llamada *gravedad cuántica de recurrencia*) y está tratando de abordar el problema de combinar la física cuántica y la gravedad desde este otro ángulo.

Einstein dijo que el espacio-tiempo es una estructura continua que se ve deformada por la presencia de objetos masivos, creando de este modo el efecto de la gravedad. Sin embargo, en física cuántica no hay nada continuo. La teoría de la gravedad cuántica de bucles trata de «cuantificar» el espacio-tiempo (es decir, de hacer que encaje con la teoría cuántica), sugiriendo que este tampoco es continuo, sino que está compuesto por una serie de bucles cerrados y unidos entre sí que forman un entramado. Vendría a ser un poco como una funda nórdica: a primera vista parece un tejido continuo, pero al examinarla con un microscopio comprobamos que en realidad está hecha de puntadas individuales.

En este modelo, el espacio-tiempo no sería perfectamente liso, sino granuloso. Eso es algo que, en teoría, se podría verificar, y de hecho en la actualidad los astrónomos están tratando de comprobar si la luz que nos llega desde galaxias lejanas ha sido alterada o modificada en su recorrido debido a esta estructura subyacente.

# Los exoplanetas

## *La zona habitable*

Gracias a la flota de satélites que hemos puesto en órbita disponemos de imágenes espectaculares de la Tierra vista desde lo alto. Algunas de las más llamativas son las que se toman de noche, cuando las extensas metrópolis del planeta resplandecen como faros que denotan la presencia de una civilización. Salta a la vista que este mundo está dominado por una especie tecnológica.

Una mirada más de cerca a la zona sur del Mediterráneo resulta particularmente reveladora. En las tierras áridas y desérticas del norte de África aparecen muy pocas luces eléctricas, en claro contraste con el colorido ajetreo de la cercana Europa. Sin embargo, hay un área en la esquina noreste del continente africano que está más iluminada que un árbol de Navidad: el delta del Nilo. En una región donde el agua escasea, la gente se ha asentado en masa en las orillas del río más largo del mundo. Es un claro recordatorio de la importancia del agua para la vida en la Tierra. Desde las profundidades subterráneas hasta las más altas cumbres, prácticamente no queda un solo rincón del planeta que la vida no haya colonizado. Y, sin embargo, todas y cada una de las formas de vida descubiertas hasta ahora dependen del agua líquida para su supervivencia. Así pues, no es de extrañar que el agua sea una de las primeras cosas que los astrónomos tienen en mente cuando se trata de estudiar la posibilidad de encontrar vida en otros lugares del espacio.

La Tierra se encuentra en la *zona habitable*, la estrecha región en torno a una estrella cuyo rango de temperaturas permiten la existencia de la vida. Si nos acercamos demasiado, el agua hierve, y si estamos demasiado lejos, se congela. Esto explica por qué se suele conocer a la zona habitable por otro nombre: la *zona de Ricitos de Oro*. Al igual que el famoso tazón de avena del cuento de hadas, es la zona que no está ni demasiado caliente ni demasiado fría, sino en su punto justo. Los astrónomos están tratando de encontrar signos de vida extraterrestre, buscando planetas en las zonas habitables de otras estrellas.

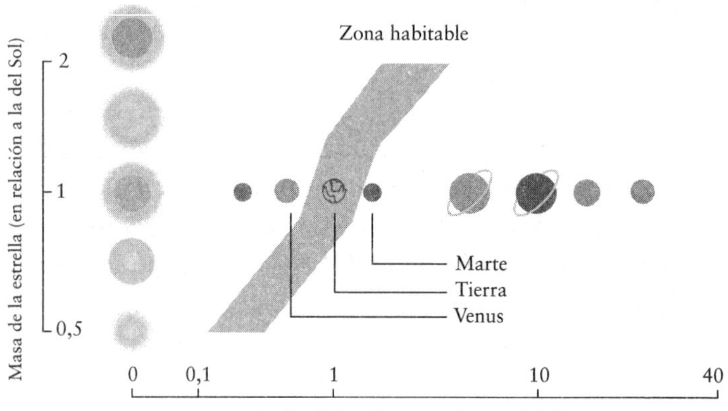


La zona habitable es una estrecha franja alrededor de una estrella en la que las temperaturas son las adecuadas para la existencia de agua líquida. Su ubicación exacta depende de la temperatura de la estrella.

No obstante, ese no es el único lugar en el que buscar. Se cree que en nuestro sistema solar hay agua líquida en los océanos subsuperficiales de las lunas Europa y Encélado, y sin embargo, se encuentran muy alejadas de lo que se considera tradicionalmente como zona habitable. En estos

# LA HABITABILIDAD DE LAS ENANAS ROJAS

La ubicación de la zona habitable depende del tipo de estrella. Los planetas que orbitan en torno a estrellas de tipo O y B (las más calientes) han de estar considerablemente más lejos para evitar que el agua entre en ebullición. Por el contrario, aquellos otros que orbiten en torno a estrellas de tipo K y M (que corresponden a las más frías, las enanas rojas) tienen que acurrucarse en zonas más cercanas para mantenerse calientes.

Esta proximidad podría suponer un problema, ya que supone que la zona habitable quede dentro del radio del acoplamiento de marea. Al igual que ocurre con la Luna respecto a la Tierra, esto supondría que a esas distancias tan próximas un planeta siempre mostraría la misma cara hacia su estrella. Es decir, un lado se cocería mientras que el otro estaría completamente helado. Además, las enanas rojas emiten intensas fulguraciones estelares y una potente radiación ultravioleta, y ambos tipos de emisión constituyen una amenaza para la vida.

La importancia de las enanas rojas radica en que representan aproximadamente el 75 por ciento del total de estrellas, y eso supone una gran cantidad de zonas residenciales potencialmente habitables que marcar en rojo en el mapa. En los últimos años, gracias a los ordenadores, los investigadores han podido crear modelos de las atmósferas de estos planetas. Los datos obtenidos les han dado cierta esperanza, pues estos modelos han mostrado que el viento podría contribuir a distribuir el calor proveniente de las estrellas y hacer que sus valores fuesen más uniformes y homogéneos alrededor del planeta, lo que los convertiría en entornos menos extremos para la vida.

casos, el calor procede de su interacción mareal con Júpiter y Saturno. Son buenos lugares en los que empezar a buscar vida y demuestran que no debemos restringir nuestra exploración a la zona habitable de las estrellas.

## El método del tránsito

Encontrar planetas en otras estrellas (los denominados *exoplanetas*) no es tarea fácil. Cambiemos el punto de vista e imaginemos que hay una civilización alienígena ahí fuera tratando de averiguar si el Sol tiene planetas potencialmente habitables. Para empezar, el Sol es un millón de veces más grande que la Tierra. Además, resplandece con un brillo intensísimo, mientras que la Tierra ni tan siquiera tiene luz propia. El problema se agrava si tenemos en cuenta que la distancia mínima a la que podrían estar buscándonos es la correspondiente a Proxima Centauri, la estrella más cercana a nosotros después del Sol, que se encuentra a unos 40 billones de kilómetros (4,2 años luz). Buscar planetas alienígenas es como buscar una diminuta y oscura aguja en un pajar gigante y cegador que se halla tan lejos que es casi imposible verlo —ya no digamos la aguja.

Estas dificultades han obligado a los astrónomos a concebir ingeniosas maneras de descubrir la presencia de exoplanetas a pesar de que no se puedan observar directamente. Una de las técnicas más destacadas es el método del tránsito. Cuando un exoplaneta cruza directamente entre su estrella y nosotros (lo que se denomina un *tránsito*), bloquea una pequeña parte de su luz, por lo que hace que la estrella resplandezca temporalmente con un poco menos de intensidad.

A partir de esta idea tan sencilla (que en ocasiones los planetas bloquean la luz de las estrellas), podemos extraer mucha información sobre los exoplanetas. Por ejemplo, cuanto más grande sea el planeta, más luz bloqueará y más atenuará el brillo de la estrella. Si observamos múltiples tránsitos a intervalos regulares, entonces la diferencia entre ellos nos indica cuánto tarda el planeta en completar una órbita alrededor de la estrella. Cuanto más tarde en completar una vuelta, a mayor distancia orbitará. A partir de este dato podemos deducir si se encuentra o no en la zona habitable.

El telescopio espacial Kepler de la NASA lleva desde 2009 examinando cientos de miles de estrellas en busca de descensos en su luminosidad causados por el tránsito de exoplanetas y ha revolucionado nuestra comprensión sobre lo que hay ahí fuera. Hasta el momento ha encontrado más de 2.000 mundos extraterrestres, algunos de los cuales orbitan en las zonas habitables de sus correspondientes estrellas (ver apartado «¿Qué hemos descubierto hasta ahora?», en la página 198).

## El método de velocidad radial

No todos los exoplanetas revelan su presencia por medio de un tránsito. Si el planeta no cruza por la línea que une la Tierra con la estrella, no apreciamos ningún cambio en la luminosidad de esta. Imagina que observamos el polo norte del Sol desde arriba. Desde ese ángulo no veríamos ningún tránsito de ninguno de sus ocho planetas confirmados.

Sin embargo, los planetas producen otro efecto observable en las estrellas. Estamos acostumbrados a pensar

# MICROLENTES GRAVITACIONALES

Según establece la teoría de la relatividad general de Einstein, los objetos masivos curvan la luz a su alrededor. Eso fue lo que Eddington confirmó con sus fotografías del eclipse de 1919 (ver página 69). Cuando un objeto masivo pasa frente a una estrella, su luminosidad aumenta como si de una lente se tratase. Este efecto se conoce como *microlente gravitacional*. El aumento y la disminución de la luminosidad son muy simétricos si el objeto que ocupa el primer plano (es decir, el que hace las veces de lente) es un único objeto, como, por ejemplo, una estrella. En este caso, el objeto de fondo se va volviendo más brillante durante varias semanas y después va perdiendo intensidad en la misma cantidad de tiempo. En cambio, si algún planeta acompaña a la estrella que hace de lente, a veces se obtiene un pico en el aumento de la luminosidad, que se corresponde con el momento en que el planeta contribuye con su propio efecto de lente gravitacional. Vendría a ser un poco como si la lente principal tuviese una imperfección.

El método de la microlente gravitacional es más efectivo cuando se trata de encontrar planetas que se hallan relativamente lejos de sus estrellas. Eso complementa los datos obtenidos mediante las técnicas del tránsito y de la velocidad radial, que son más eficaces con planetas más cercanos, ya que estos producen descensos de brillo u oscilaciones más acusados en su estrella.

que el Sol ejerce una fuerza de atracción gravitacional en los planetas, pero los planetas también atraen a su estrella. En concreto, la atracción de Júpiter y Saturno hace que el Sol se balancee ligeramente. Esta oscilación provoca cambios en la luz procedente de las estrellas que se conoce como *efecto Doppler*.

Se trata de un fenómeno que nos resulta muy familiar cuando se produce en ondas sonoras: cuando una ambulancia avanza hacia nosotros, oímos su sirena en un tono determinado, pero cuando pasa por el lugar en el que nos encontramos, el sonido cambia muy claramente. Esto se debe a que las ondas sonoras se comprimen cuando la ambulancia se acerca y se expanden cuando se aleja. La luz también se comporta como una onda, solo que en este caso lo que cambia no es el sonido sino el color. Las fuentes de luz que se alejan de nosotros parecen más rojizas (*corrimiento al rojo*), mientras que las se acercan se tornan más azules (*corrimiento al azul*).

En la práctica funciona del siguiente modo. Los astrónomos separan la luz de las estrellas empleando un espectrómetro para ver las líneas negras de absorción (que vendrían a ser como un código de barras) que les ayudan a datar las estrellas (ver página 168). Imaginemos que un exoplaneta está causando que su estrella se balancee hacia nosotros y después se aleje de nosotros en un ciclo repetitivo. En ese caso, las líneas de absorción de la estrella también se desplazarán constantemente de un lado a otro, primero hacia el extremo azul del espectro y luego hacia el rojo.

En la actualidad, las mediciones realizadas con esta técnica (conocida como *método de velocidad radial*) son tan sensibles que pueden detectar cambios en la velocidad de una estrella del orden de un metro por segundo. Párate a pensar un instante en lo que esto significa. Quiere decir que desde una distancia de cientos de billones de kilómetros somos capaces de detectar cambios en la velocidad de una estrella equivalentes a la velocidad a la que caminamos.

Las mediciones de la velocidad radial también nos aportan información sobre la masa del planeta. Cuanto más pesado sea, mayor será la oscilación de su estrella y, en consecuencia, mayor el vaivén que presenten las líneas negras del espectro de absorción.


## ¿Qué hemos descubierto hasta ahora?

Abres las cortinas justo a tiempo para contemplar el segundo amanecer del día. Sales al exterior y no te acompaña una sola sombra por las llanuras, sino dos. Cuando el día llega a su fin, uno de los dos soles persigue al otro por el horizonte. Este inusual panorama es lo que podrían experimentar los habitantes del planeta Kepler-16b. Descubierto en 2011, fue el primer ejemplo innegable de un planeta circumbinario (es decir, que orbita en torno a dos estrellas). Además de los amaneceres, las sombras y las puestas de sol dobles, los dos soles de tu mundo se eclipsarían mutuamente cada tres semanas. Sería todo un espectáculo.

Kepler-16b tan solo es uno de los miles de exoplanetas que hemos descubierto desde 1995, cuando se halló el primero. Al principio se pensó que podríamos encontrar muchas copias semejantes a nuestro sistema solar, pero en lugar de eso, nos hemos visto obligados a enfrentar la posibilidad de que los vecindarios como el nuestro puedan ser muy poco frecuentes.

Algunos de los primeros exoplanetas que se descubrieron fueron los llamados *jupíteres calientes*, planetas masivos que orbitan alrededor de sus estrellas en cuestión de horas y en los que las temperaturas son tan altas como para derretir las rocas. Otros planetas tienen temperaturas muy variables debido a que sus órbitas son muy elípticas. En HD 80606b, la temperatura pasa de 800 K a 1.500 K en solo seis horas durante su aproximación más cercana. El sistema Kepler-11 cuenta con seis planetas, cinco de los cuales orbitan más cerca de su estrella que Mercurio del Sol. El planeta 55 Cancri incluso podría mostrar una superficie cubierta de diamantes que se habría formado en su caliente y presurizado interior.

En todo caso, y como es natural, los exoplanetas a los que prestamos más atención son aquellos que potencialmente pueden ser más parecidos al nuestro. En 2014 se encontró Kepler-186f, el primer planeta del tamaño de la Tierra descubierto en la zona habitable de una estrella. Fue seguido un año después por Kepler-452b. En 2017, los astrónomos anunciaron que habían hallado siete exoplanetas del tamaño de la Tierra, tres de ellos en la zona habitable, orbitando alrededor de la estrella TRAPPIST-1. Incluso hay un planeta potencialmente habitable orbitando en Proxima Centauri, la estrella más cercana a nosotros después del Sol.

Pero «potencialmente habitable» puede ser una expresión engañosa, pues con ella lo único que quieren decir los astrónomos en realidad es que si el planeta tiene la misma composición atmosférica que la Tierra, entonces lo más probable es que la temperatura sea la adecuada para que pueda haber agua líquida. No están dando por seguro que esté habitado, ni siquiera que tenga agua. Por tanto, lo siguiente que han de hacer es medir la composición atmosférica de los exoplanetas y demostrar que tienen agua.

# LAS SUPERTIERRAS

Nuestro sistema solar tiene planetas pequeños y rocosos y planetas gaseosos gigantes. No hay ningún planeta que presente características intermedias (salvo, tal vez, el noveno planeta). En este sentido, una de las mayores sorpresas que ha proporcionado la investigación de los exoplanetas es el descubrimiento de una nueva clase de planeta: las supertierras. Se trata de planetas rocosos, pero con una masa varias veces mayor que la de la Tierra y con una gravedad mucho más intensa. No está claro si estas condiciones suponen un incentivo o un obstáculo para la vida.

En ellas el terreno sería mucho más plano, pues no sería posible que se formasen montañas tan altas como las de la Tierra. La superficie de nuestro planeta está compuesta por aproximadamente un 70 por ciento de agua y un 30 por ciento de masa terrestre, pero las supertierras podrían ser verdaderos mundos acuosos con tan solo una pequeña fracción de tierra emergida por encima del nivel del mar. En las más grandes, toda la masa terrestre podría estar completamente sumergida. Las más masivas tendrían núcleos más grandes y calientes, que producirían campos magnéticos más intensos, lo cual ofrecería una mayor protección contra la actividad solar nociva y los rayos cósmicos.

Una gravedad más intensa también conlleva la capacidad de retener más gas y, por tanto, tendrían una atmósfera más espesa. Esto supone una auténtica bendición para los astrónomos, porque cuanto más sustancial es una atmósfera, más fácil es tipificarla.

# Tipificación de atmósferas

En este momento estás respirando en una atmósfera que tiene un 21 por ciento de oxígeno. Incluso si estás sentado y sin hacer nada, consumes 550 litros de esta sustancia al día, lo que equivale a más de 16 millones de litros o 22 toneladas de oxígeno a lo largo de toda la vida.

El problema es que no debería haber oxígeno, pues se trata de un gas muy reactivo que se combina rápidamente con otros elementos de la atmósfera y da lugar a nuevos compuestos químicos. Sin embargo, hay más que suficiente para que tanto tú como el resto de la humanidad respiréis sin problema. Es algo que hemos de agradecer a otras formas de vida. Las plantas, los árboles y los microbios del océano producen oxígeno a través de la fotosíntesis que reemplaza el que se consume.

Esto hace que el oxígeno sea un biomarcador (es decir, un gas cuya abundancia puede indicar la presencia de vida en un planeta). A los astrónomos les encantaría poder buscar gases biomarcadores en las atmósferas de algunos de los exoplanetas del tamaño de la Tierra que han descubierto en la zona habitable de ciertas estrellas, pero conseguirlo es toda una proeza.

La buena noticia es que el proceso ya se ha probado en exoplanetas mucho más grandes —sobre todo en jupíteres calientes—, cuyas atmósferas están infladas debido a su calor extremo. En 2017, incluso se consiguió medir la atmósfera de la supertierra GJ 1132b, un planeta tan solo un 40 por ciento más grande que el nuestro. En la actualidad se están construyendo telescopios capaces de explorar las atmósferas de planetas del tamaño de la Tierra y pronto entrarán en servicio.

Estos telescopios utilizarán la misma técnica que los astrónomos emplean para descubrir de qué están hechas las estrellas: la espectroscopia (ver página 71). Cuando un exoplaneta transita frente a su estrella anfitriona, parte de la luz de dicha estrella atraviesa la atmósfera del planeta y continúa su viaje hasta llegar a la Tierra y ser captada por nuestros telescopios, pero dichas atmósferas no emiten ciertos colores porque sus compuestos químicos absorben esas longitudes de onda de la luz. El espectro resultante contiene líneas de absorción negras que nos dicen de qué está hecha su atmósfera. Además de oxígeno, también estamos buscando indicios de la presencia de agua y otros gases que pueden ser biomarcadores potenciales, como por ejemplo el metano.

## Las exolunas

Hasta la fecha, hemos centrado nuestros esfuerzos en los exoplanetas. Y con razón: es el primer paso lógico, ya que la única vida que conocemos empezó en un planeta. Sin embargo, hace mucho que los escritores de ciencia ficción también han considerado la posibilidad de que la vida pueda existir en una luna que orbite alrededor de un planeta. En *Avatar*, la acción se desarrolla en Pandora, una exuberante luna rocosa que gira en torno al planeta gaseoso Polifemo. En *Star Wars*, Endor es una luna-bosque en la que habitan los Ewoks. En *Doctor Who*, el protagonista considera retirarse a la luna perdida de Poosh, famosa por sus piscinas...

Una estrella sin planetas rocosos en la zona habitable aún podría albergar mundos capaces de sostener la vida.

Si arrastrásemos a Júpiter hasta la zona habitable del Sol, las condiciones en algunas de sus lunas (las que tienen el tamaño de un planeta) podrían favorecer la vida. Pero si encontrar exoplanetas ya es una tarea difícil, detectar exolunas es algo que verdaderamente se encuentra en los límites de lo que somos capaces de conseguir hoy en día.

Eso no ha impedido que un equipo de la Universidad de Columbia (Nueva York) dirigido por David Kipping intentase encontrarlas. La atracción gravitacional de una luna acelera y ralentiza de forma periódica a su planeta anfitrión mientras este orbita en torno a su estrella. Esto supondría tránsitos que se producirían hasta cinco minutos antes o después de lo esperado si el planeta orbitase solo. Detectar estas pistas es un trabajo de precisión increíble que pone al límite las capacidades del telescopio espacial Kepler. Tu ordenador de mesa tardaría cincuenta años en realizar los cálculos necesarios para comprobar si hay exolunas en un planeta.

Sin embargo, en el verano de 2017 los rumores de una posible exoluna en el sistema Kepler-1625b causaron un gran revuelo entre la comunidad astronómica. Parece ser que podría haber una luna del tamaño de Neptuno en un exoplaneta del tamaño de Júpiter. En el momento de escribir este libro, Kipping y su equipo han solicitado el uso del telescopio espacial Hubble para poder echar un vistazo más de cerca y confirmar lo que a buen seguro sería un descubrimiento histórico.

5

# Las galaxias

## La Vía Láctea

### *Nombre y apariencia*

Los indios cheroqui se refieren a ella en sus relatos como «el camino que dejó el perro al salir corriendo», un rastro de harina de maíz que un perro ladrón dejó en su huida; en Asia oriental, es el río plateado del cielo; los maoríes de Nueva Zelanda ven en ella una canoa gigante; en la mitología grecorromana, es la leche materna de Hera, rociada en el cielo por un pequeño Heracles (Hércules) al mamar del pecho de su madre...

De esta última leyenda proviene el nombre científico que usamos en la actualidad para referirnos a ese arco resplandeciente y polvoriento que se extiende de lado a lado en el cielo nocturno: la Vía Láctea, una franja iluminada de unos 30 grados de ancho, dominada por cúmulos de estrellas y trazos oscuros de polvo. Sin embargo, mucha gente nunca la ha visto. El 80 por ciento de la población de América del Norte vive en áreas en las que queda oculta debido a la contaminación lumínica. Alrededor de un tercio de la población mundial se encuentra en la misma situación.

Merece la pena desplazarse a algún lugar rural y oscuro para poder contemplarla con nuestros propios ojos, pues posiblemente se trate del mayor espectáculo que puede ofrecernos el cielo nocturno. Galileo fue el primero en apuntar un telescopio hacia esta región y ver que estaba compuesta por innumerables estrellas. Incluso unos simples prismáticos pueden revelar un cielo repleto de estrellas y polvo. La Gran Grieta y la nebulosa del Saco de Carbón son grandes regiones oscuras desprovistas de estrellas. Estas nubes moleculares gigantes bloquean la visión de las estrellas que se encuentran más allá.

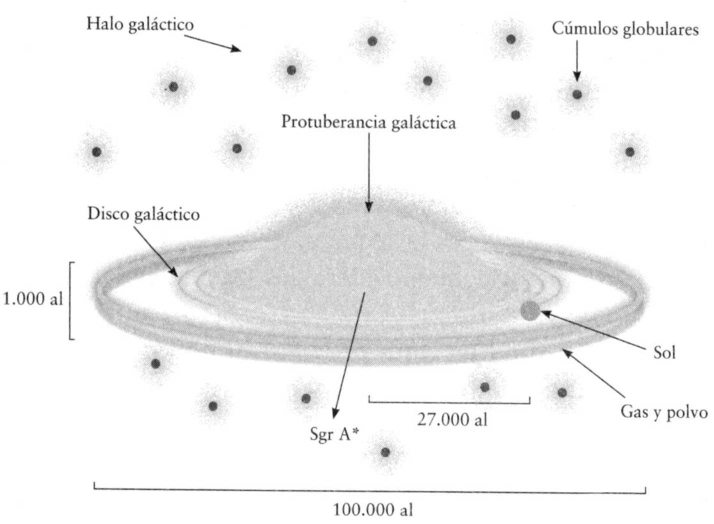


Nuestra galaxia, la Vía Láctea, es plana y tiene forma de disco con una protuberancia central y brazos espirales, todo ello rodeado por un halo de materia oscura.

   **UNIVERSO**

Aunque la Vía Láctea es visible desde todo el mundo, la verdadera acción se centra en las constelaciones zodiacales de Sagitario y Escorpio. Las mejores vistas de esta área se tienen desde una latitud de −30 grados, ya que aquí quedan por encima de nosotros justo en la vertical. Ese paralelo se extiende desde Chile y Argentina hasta Sudáfrica, para luego continuar hacia el este y pasar cerca de las ciudades australianas de Perth y Brisbane. Es lógico que algunos de los mejores telescopios del mundo se hayan construido cerca de esta línea, pues los astrónomos quieren disponer de un asiento de primera fila para estudiar la Vía Láctea y sus misterios.

### *Forma, tamaño y contenido*

Vemos la Vía Láctea con el extraño aspecto que presenta desde nuestro punto de vista porque vivimos dentro de ella. Puesto que se trata de una galaxia espiral, vista desde el exterior se asemeja a dos huevos fritos pegados por la base. Hay una protuberancia en forma de yema de huevo en el centro rodeada por un disco mucho más plano. Nosotros vivimos en este disco, más o menos a mitad de camino en uno de los brazos espirales menores de la galaxia. Cuando dirigimos la mirada hacia Sagitario, estamos viendo directamente a través del disco, hacia la abarrotada región central galáctica. Por el contrario, si nos enfocamos en las constelaciones de Orión y Auriga, nos estamos dirigiendo en sentido opuesto, es decir, hacia el borde externo de la galaxia.

Las distintas estimaciones realizadas del tamaño y el contenido de nuestra Vía Láctea varían considerablemente.

Sin embargo, los astrónomos están de acuerdo en que la galaxia tiene un diámetro de al menos 100.000 años luz. ¡Eso equivale a la friolera de 1 millón de billones de kilómetros! Un rayo de luz que hubiese partido desde un extremo de la galaxia hace 100.000 años (cuando el *Homo sapiens* aún compartía el planeta con los neandertales) estaría llegando ahora al extremo opuesto. Otra forma de hacerse una idea de lo que supone esta enorme distancia sería imaginar que reducimos la distancia que hay desde el Sol al límite interno del cinturón de Kuiper hasta que fuese igual que el tamaño de un dedo meñique. A esta escala, la Vía Láctea abarcaría todo el Océano Atlántico, con uno de sus extremos en Londres y el otro en Kingston, Jamaica. Como vemos, el Sol es extraordinariamente diminuto cuando lo comparamos con la galaxia en su conjunto.

Puede que su anchura sea enorme, pero el disco de la Vía Láctea (hogar del Sol y de al menos otras 100.000 millones de estrellas, tal vez hasta 400.000 millones) tiene un espesor medio de tan solo 1.000 años luz. Las estimaciones realizadas a partir de los datos registrados por el telescopio espacial Kepler sugieren que podría haber unos 60.000 millones de planetas en las zonas habitables de dichas estrellas.

Las estrellas del disco giran alrededor del centro en sentido antihorario, es decir, en la misma dirección que siguen los planetas en sus órbitas alrededor del Sol. El Sol tarda aproximadamente 220 millones de años en completar una vuelta completa a la Vía Láctea, un período al que los astrónomos llaman *año cósmico*.

## *Brazos espirales*

La Vía Láctea es demasiado grande como para que podamos salir de ella, por lo que no nos es posible verla desde fuera. Tomando la ruta más corta, si viajásemos a la velocidad de las sondas *Voyager*, tardaríamos 5 millones de años en abandonarla. Sin embargo, si pudiéramos verla desde el exterior, la característica más llamativa de nuestra galaxia serían sus brazos espirales. Por lo que parece, cuatro grandes cadenas de estrellas y gas se curvan hacia fuera a partir de una barra central ubicada en la protuberancia galáctica. Se les unen al menos dos brazos más pequeños, en uno de los cuales se encuentra el Sol. Hemos podido llegar a este modelo fijándonos en otras galaxias espirales del universo y observando cómo se mueven las estrellas en la nuestra.

Durante muchos años, los brazos espirales fueron un enigma. A primera vista, parece que cada brazo es un grupo individualizado de estrellas que se mueven juntas alrededor del centro, pero esto no puede ser así. Las galaxias espirales giran relativamente rápido, por lo que, con el tiempo, los brazos espirales acabarían enrollándose. Imagina que la galaxia fuese una pista de atletismo con varias calles. Al igual que les ocurre a los corredores de las calles interiores, las estrellas más cercanas al centro adelantarían a las más alejadas. Al cabo de unas pocas vueltas, los brazos habrían desaparecido por completo.

En la década de los sesenta, los astrónomos chinos C. C. Lin y Frank Shu se dieron cuenta de que los brazos espirales actúan más bien como atascos de tráfico. Cuando un coche frena, todos los que están detrás de él también lo hacen. En cambio, cuando el coche causante del tapón acelera, el atasco se desplaza hacia atrás como si se tratara de una ola. Si vamos conduciendo y nos encontramos con una zona con demasiados coches, reducimos la velocidad. Lo mismo ocurre con las estrellas. Además, si las nubes moleculares se comprimen, su colapso dará lugar al nacimiento de nuevas estrellas (ver página 169), lo que explicaría por qué vemos tantas estrellas en formación en los brazos espirales.

No obstante, estos «atascos de tráfico» (que los astrónomos denominan *ondas de densidad*) tienen una característica que no encontraríamos en ninguna autopista. Si una estrella se aproxima a una región de mayor densidad, se ve atraída con mayor intensidad por la gravedad colectiva de las estrellas que ya se encuentran en el «atasco». Cuando finalmente logra salir, lo hace muy lentamente, porque la gravedad de las estrellas que deja atrás la retiene. Esto hace que las estrellas pasen mucho tiempo formando parte de una onda de densidad y, por consiguiente, que los brazos espirales persistan.

## El centro galáctico

El Sol se pone sobre un volcán inactivo de Hawái, mientras se va perfilando la silueta de las colosales cúpulas del observatorio Keck. A medida que la cortina de la noche va descendiendo, las cúpulas se abren lentamente para dejar al descubierto los espejos de diez metros que albergan en su interior. Los astrónomos llevan desde mediados de la década de los noventa utilizando estos telescopios ubicados en la cima del Mauna Kea para recoger la luz antigua que llega a la Tierra desde el centro de la Vía Láctea.

Lo que han tratado de dilucidar exactamente es en torno a qué orbitan todos los objetos de la galaxia. Mirando a través de 27.000 años luz de gas y polvo, han descubierto estrellas que giran a gran velocidad alrededor de una brillante fuente de ondas de radio conocida como Sgr A* (se pronuncia «Sagitario A asterisco»). Podemos usar la velocidad de las estrellas y la distancia a la que se encuentran de Sgr A* para calcular la masa del objeto alrededor del cual orbitan, y el valor de esta masa parece ser colosal: unos 4 millones de veces la del Sol. Además, para que las estrellas tengan órbitas estables, el objeto ha de tener menos de 12 millones de kilómetros de diámetro (aproximadamente una quinta parte de la distancia que hay entre Mercurio y el Sol, o 8,5 veces el diámetro del Sol). Lo único capaz de contener tanta masa en un espacio tan relativamente pequeño es un agujero negro supermasivo.

Así que, en este mismo momento, el Sol nos está arrastrando alrededor de un agujero negro a velocidades de casi un millón de kilómetros por hora. Por fortuna, nos encontramos lo suficientemente lejos como para no ser absorbidos por ese monstruo, pero los astrónomos han sido testigos de cómo algunos objetos se acercaban peligrosamente. Entre 2011 y 2014 observaron cómo una nube molecular de gas llamada Sagitario G2 bordeaba el agujero negro. Al principio pensaron que iba a desaparecer en el vacío, pero por lo que parece había una estrella dentro de la nube que ayudó a mantenerla unida.

Hace unos 400 años, otra nube molecular, Sagitario B2, se vio sacudida por un torrente de radiación producida por el agujero negro, lo que sugiere que hace relativamente poco en términos cósmicos, Sgr A* era un millón de veces más activo de lo que es ahora.

## *El telescopio Event Horizon*

El centro de la galaxia es el laboratorio perfecto para poner a prueba la teoría de la relatividad general de Einstein. Las estrellas que orbitan alrededor de Sgr A* experimentan una atracción gravitacional cien veces mayor que la que pueda haber en cualquier otro lugar en el que se haya ensayado la teoría hasta ahora. Del mismo modo que la proximidad de Mercurio al Sol puso de relieve los defectos del modelo de la gravedad de Newton (ver página 68), las estrellas que orbitan en torno al agujero negro central de la Vía Láctea también podrían ayudarnos a detectar posibles fallos en las ideas de Einstein. Cualquier desviación podría marcarnos el camino a recorrer para dar con una teoría de todo exitosa (ver página 187).

Las observaciones continuas de las estrellas centrales que se llevarán a cabo con los telescopios Keck contribuirán enormemente a lograr este objetivo. Sin embargo, si de verdad queremos poner el modelo de Einstein a prueba, tendremos que estudiar el agujero negro desde incluso más cerca. El objetivo es ver cómo se deforma el espacio-tiempo justo en el límite externo del horizonte de sucesos (ver página 182).

La relatividad general predice que los agujeros negros han de tener una sombra circular: una región oscura dentro de un anillo formado por luz que inicialmente se alejaría de nosotros pero que después se curvaría hacia nuestra posición debido a la gravedad extrema del agujero negro. Si resulta que no es circular, o que su tamaño es distinto al esperado, entonces podríamos tener en nuestras manos el inicio de algo verdaderamente revolucionario.

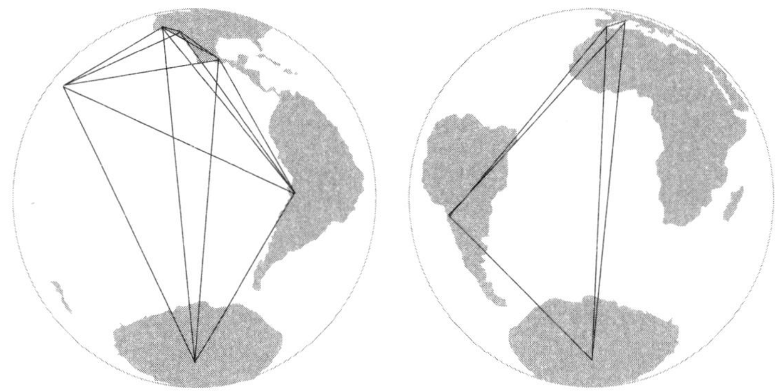

Para poder ver la zona que circunda un agujero negro hace falta un telescopio del tamaño de la Tierra. Esto ha llevado a los astrónomos a crear el telescopio Event Horizon interconectando varios telescopios ya existentes de todo el mundo.

No obstante, conseguir una imagen nítida de un objeto tan compacto que se encuentra a 27.000 años luz de distancia no es tarea fácil. Se requiere un telescopio con una resolución dos mil veces mayor que la del telescopio espacial Hubble. Construir un solo telescopio con ese alcance está fuera de toda discusión: tendría que ser del tamaño de la Tierra. Así que los astrónomos han ideado una alternativa inteligente. Han conectado telescopios ya existentes de Estados Unidos, México, Chile, la Antártida y España que, al actuar de manera conjunta, imitan un telescopio casi tan grande como el planeta. En 2017, este telescopio, que recibe el nombre de Event Horizon («horizonte de sucesos»), echó un primer vistazo a Sgr A* y pronto estará en condiciones de poner a prueba las teorías de Einstein.

Nuestra galaxia sigue dándonos sorpresas. Utilizando el telescopio espacial Fermi (así llamado en honor al pionero Enrico Fermi; ver también la página 226), en 2010 se descubrieron dos enormes burbujas de rayos gamma que emergen del centro galáctico. Estos enormes glóbulos apuntan hacia arriba y hacia abajo del disco de la galaxia y se extienden 25.000 años luz en cada dirección. Cada uno de ellos contiene suficiente gas frío como para crear 2 millones de soles. Los astrónomos creen que se formaron hace entre 6 y 9 millones de años, un mero parpadeo en la historia de una galaxia tan antigua como la Vía Láctea. Se formaron cuando Sgr A* engulló una nube de gas que pesaba el equivalente a cientos, quizá incluso miles, de soles. Sin embargo, no todo desapareció en su interior, sino que parte del material se aceleró al aproximarse al agujero negro y salió despedido de vuelta hacia la galaxia. La naturaleza suave y redondeada de las burbujas indica que esta energía se liberó en muy poco tiempo.

Probablemente fue la última vez que Sgr A* se dio un banquete de esas proporciones, pues, por lo que parece, desde entonces ha estado siguiendo una dieta bastante estricta. Otras galaxias tienen agujeros negros monstruosos con un apetito mucho más voraz que el de la nuestra.

# El problema de la rotación

A primera vista, la Vía Láctea parece un sistema solar gigante: cuenta con una gran masa en el centro y una gran cantidad de objetos más pequeños que orbitan a su alrededor. Sin embargo, un análisis más pormenorizado revela que las galaxias espirales son fundamentalmente distintas a los sistemas planetarios.

Si los tomamos según el orden de su distancia al Sol, cada planeta del sistema solar se mueve más lentamente que el anterior, por lo que le lleva más tiempo dar una vuelta completa. Mercurio tarda tan solo 88 días, mientras que a Neptuno le lleva 165 años. Por lo tanto, cabría esperar que las velocidades orbitales de las estrellas también disminuyesen a medida que nos alejamos del centro galáctico, pero no es eso lo que ocurre.

Ya en los años treinta se encontraron los primeros indicios de que la Vía Láctea presentaba este problema de rotación. Jan Oort (el astrónomo holandés que da nombre a la nube de Oort) estudió una serie de estrellas situadas cerca del borde externo de la galaxia y, al medir su velocidad, se dio cuenta de que se movían demasiado rápido. A la velocidad a la que orbitaban, deberían haber escapado de la gravedad de la Vía Láctea y haberse perdido en la inmensidad del espacio intergaláctico. El hecho de que no fuese así le llevó a concluir que la gravedad de la galaxia debe ser más fuerte de lo que creíamos.

El trabajo de Oort quedó en gran parte olvidado hasta finales de la década de los sesenta, cuando la astrónoma estadounidense Vera Rubin recogió el testigo. Durante la década siguiente estudió la rotación de otras cien galaxias espirales y encontró el mismo fenómeno: las estrellas que se encuentran en el borde externo de las galaxias espirales orbitan igual de rápido que las que están más cerca de la protuberancia central.

Cuando Rubin murió el día de Navidad de 2016, eran muchos los que pensaban que debería haber recibido el

Premio Nobel por su trabajo (estos premios no se otorgan a título póstumo).

## La materia oscura

La explicación más comúnmente aceptada para el problema de rotación es que en alguna parte de la galaxia hay una masa invisible adicional que no podemos ver. Esta *materia oscura* proporcionaría la gravedad extra que sería necesaria para mantener el movimiento anormalmente rápido de las estrellas. De hecho, Oort ya propuso en los años treinta que esta materia oculta podría ser tres veces más abundante que el material que podemos ver.

Una de las primeras teorías fue la idea de que la galaxia contiene muchos *objetos astrofísicos masivos de halo compacto*, también llamados MACHO, siglas en inglés de Massive Astrophysical Compact Halo Objects (sí, a los astrónomos les encantan los acrónimos peculiares y llamativos). En esencia, los MACHO son objetos normales como los agujeros negros o las estrellas de neutrones, que son físicamente tan pequeños que resultan difíciles de ver, pero tan pesados que, en conjunto, podrían compensar el déficit de gravedad observado.

Sin embargo, hoy en día somos capaces de medir este déficit de masa con mucha más precisión que en tiempos de Oort, y por lo que sabemos, toda la materia que vemos representa únicamente entre el 10 y el 12 por ciento de la masa de la Vía Láctea. Eso supone una diferencia demasiado grande como para que los MACHO puedan dar cuenta de ella, al menos no por sí mismos. Ocasionalmente podemos detectar un MACHO cuando cruza por delante de una estrella distante y aumenta su luz debido al efecto de microlente gravitacional que produce en ella (ver página 196), pero por el momento no hemos detectado casos suficientes como para inferir que pueda existir una población de objetos MACHO que sea ni de lejos lo suficientemente grande como para explicar el problema de rotación.

Así pues, hoy por hoy, los astrónomos se decantan más por pensar que la materia oscura puede estar formada por *partículas masivas de interacción débil* (también conocidas como WIMP, siglas en inglés de Weakly Interacting Massive Particles). Son «de interacción débil» porque no interactúan con la luz (de ahí que no podamos verlas), y «masivas» porque su masa ha de compensar el considerable déficit de gravedad observado. A diferencia de los MACHO, las WIMP nunca se han detectado de forma experimental. Se trata de una clase de materia teórica y completamente nueva con la que los físicos de partículas especulan para tratar de dar una explicación a la rotación de las galaxias.

Todo lo que vemos a nuestro alrededor está constituido por partículas que forman parte del *modelo estándar*, una especie de libro de cocina para el cosmos que los físicos de partículas han ido elaborando de forma gradual a lo largo de muchas décadas. El problema es que ningún ingrediente del modelo estándar se comporta como la materia oscura. Sin embargo, los físicos también han estado trabajando en una extensión del modelo estándar denominada *supersimetría* (que ya hemos visto al hablar de la teoría de supercuerdas en la página 189). Esta hipótesis sugiere que para cada partícula del modelo estándar existe otra equivalente que vendría a ser como su imagen especular. Las WIMP podrían ser las más ligeras de estas partículas supersimétricas: los neutralinos.

## *En busca de las partículas WIMP*

En una mina de oro abandonada de Dakota del Sur, situada a 1,5 kilómetros bajo tierra, hay un tanque de xenón líquido rodeado de 265.000 litros de agua que actúan como escudo protector. Mientras tanto, en la Antártida, una serie de detectores enclavados en las profundidades del hielo están listos para entrar en acción. En el Gran Colisionador de Hadrones de Suiza (también conocido como LHC, siglas inglesas de Large Hadron Collider), las partículas se estrellan y saltan en pedazos a velocidades cercanas a la de la luz. Por encima de la Tierra, el experimento AMS-02 orbita cada noventa y dos minutos acoplado a la Estación Espacial Internacional. Los físicos están utilizando todos estos instrumentos para tratar de encontrar las partículas más buscadas del universo: las WIMP. Si es cierto que la materia oscura es producto de la supersimetría, entonces es necesario que los físicos de partículas del CERN encuentren evidencias de que la supersimetría es más que una buena teoría sobre el papel.

Si las partículas WIMP existen realmente, cada minuto una de ellas impacta contra nuestro cuerpo. Sin embargo, detectarlas cuando hay tantísimas otras cosas ocurriendo a nuestro alrededor es una tarea prácticamente imposible. Por eso, el experimento del Gran Xenón Subterráneo (o LUX, siglas en inglés de Large Underground Xenon) que se ha puesto en marcha en una mina de oro de Dakota del Sur está protegido por una enorme capa de rocas y agua. Está diseñado para detectar los destellos de luz producidos por alguna WIMP perdida que impacte contra el xenón.

Los detectores del experimento IceCube («cubito de hielo») que se lleva a cabo cerca del polo sur están igualmente protegidos por la tundra congelada. En este caso, los investigadores están a la caza de indicios indirectos de la presencia de partículas WIMP. Si la galaxia contiene materia oscura, entonces el Sol debería capturar parte de ella con su gravedad en su recorrido alrededor de la Vía Láctea. Esto significaría que las WIMP acabarían chocando unas con otras en las profundidades de nuestra estrella. Se han realizado cálculos que parecen indicar que esto produciría neutrinos de alta energía que podrían emanar del Sol, y eso es precisamente lo que el IceCube está tratando de localizar.

Por último, el Alpha Magnetic Spectrometer («espectrómetro magnético alfa», también llamado AMS-02), que está actualmente acoplado a la EEI, escudriña la protuberancia central de la Vía Láctea. Puesto que en esa región hay mucha más materia, cabe esperar que las colisiones de partículas WIMP sean comunes. Se cree que este tipo de interacciones dan lugar a una cascada de partículas llamadas *positrones* (las partículas de antimateria equivalentes a los electrones). Si fuésemos capaces de detectar un exceso de positrones en las inmediaciones del centro galáctico, podríamos tener en nuestras manos una prueba definitiva. Esta idea resulta sumamente tentadora porque, de hecho, se ha detectado un estallido de positrones. Sin embargo, los astrónomos aún no están en posición de descartar otras explicaciones menos exóticas para este fenómeno.

Como se puede ver, los físicos se están esforzando al máximo para cazar a las partículas WIMP, pero por el momento ninguno de estos experimentos ha arrojado datos concluyentes. Sigue siendo la mejor hipótesis de trabajo con la que contamos, pero si no detectamos pronto este tipo de partículas, es posible que tengamos que dar un paso atrás y regresar a la casilla de salida. Los defensores de una idea completamente diferente, la hipótesis MOND, ya huelen la sangre y están listos para lanzarse al ataque.

El experimento AMS-02, en órbita en la EEI, trata de encontrar un pico en las mediciones de positrones generado por colisiones de materia oscura en el corazón de la Vía Láctea.

## *La hipótesis de la dinámica newtoniana modificada*

Necesitamos la materia oscura para explicar por qué no vemos en las galaxias masas que puedan generar una gravedad suficiente como para justificar la velocidad de sus estrellas (digamos que nos hemos inventado una sustancia invisible con la que compensar esta deficiencia). Pero ¿y si nuestra comprensión de la gravedad no fuese del todo correcta? ¿Sería posible que no viésemos suficiente gravedad

     UNIVERSO

# EL HALO GALÁCTICO

A primera vista puede parecer que las galaxias espirales tienen forma plana, pero eso solo corresponde a su parte visible. La Vía Láctea parece estar inmersa en un vasto halo de materia oscura que tiene la forma de una pelota de playa aplastada, es decir, con más materia oscura por encima y por debajo del disco que por los lados.

Los astrónomos han mapeado este halo siguiendo el rastro de galaxias enanas que orbitan en torno a la Vía Láctea. Alrededor de nuestra galaxia hay unos cincuenta de estos pequeños satélites, y cada uno de ellos contiene muchas menos estrellas que una galaxia como la Vía Láctea (ver página 228). Del mismo modo que recurrimos a las estrellas en órbita para calcular el peso del agujero negro supermasivo Sgr A*, también podemos usar estas galaxias enanas satélite para inferir el peso de la Vía Láctea.

El halo galáctico también alberga gran cantidad de cúmulos globulares (ver página 167). La imagen que nos ofrecen a través de un telescopio o con unos prismáticos estos densos grupos de antiguas estrellas es espectacular. Hasta el 40 por ciento de los cúmulos globulares de la Vía Láctea presentan órbitas retrógradas (es decir, giran en dirección opuesta a las estrellas del disco). Al igual que ocurre con las lunas retrógradas de nuestro sistema solar, esto probablemente signifique que se trata de objetos capturados.

porque en realidad no sabemos cómo funciona esta fuerza a escalas tan grandes como las de las galaxias? Eso es exactamente lo que proponen los defensores de la *dinámica newtoniana modificada* (también llamada MOND, siglas en inglés de Modified Newtonian Dynamics). La hipótesis

MOND, propuesta inicialmente en 1983 por el físico israelí Mordehai Milgrom, explora la idea de que la gravedad en realidad no es la ley universal concebida por Newton, sino que a grandes escalas sería necesario aplicar ciertas modificaciones.

La aceleración que experimenta una estrella típica que orbita en una galaxia espiral es 10.000 millones de veces menor que la que experimentó la supuesta manzana de Newton cuando cayó a la Tierra. Milgrom propuso que cuando se trata de aceleraciones tan pequeñas hay que modificar las ecuaciones de Newton. Los teóricos que están a favor de esta hipótesis arguyen que los objetos que se encuentran en entornos gravitacionales débiles experimentan una fuerza de atracción ligeramente más fuerte de lo que cabría esperar normalmente.

Toda teoría científica que pretenda ser tomada en serio ha de ser capaz de hacer predicciones verificables. Los defensores de la hipótesis MOND aplicaron sus ecuaciones modificadas para predecir las órbitas de diecisiete galaxias enanas que orbitan en Andrómeda (la galaxia de gran tamaño más cercana a la Vía Láctea) y dieron en el clavo.

Sin embargo, la teoría MOND sigue sin gozar de demasiada aceptación y la gran mayoría de los astrónomos y los cosmólogos se decantan por la tesis de la materia oscura. Esto se debe principalmente a que la materia oscura, al ser una entidad física, ayudaría a explicar cómo se formó la estructura del universo primitivo. Según este modelo, la atracción gravitacional de la materia oscura habría contribuido a agrupar la materia ordinaria en estrellas y galaxias en un universo en expansión tras el Big Bang. También explicaría por qué Andrómeda y la Vía Láctea se encuentran

# EL CÚMULO BALA

Ubicado a casi 4.000 millones de años luz de la Tierra, el cúmulo Bala está formado en realidad por dos cúmulos de galaxias que se encuentran en proceso de colisión. Los investigadores han estudiado la forma en la que se distribuye el gas caliente a lo largo de la zona de encuentro. También han aprovechado el hecho de que el cúmulo curva la luz proveniente de objetos distantes (es decir, produce un efecto de microlente gravitacional) para determinar cómo se distribuye la masa en su interior (ver página 196).

Con todo esto, han visto que existe una clara separación física entre el gas caliente y la mayor parte de la masa, por lo que han llegado a la conclusión de que esta ha de ser invisible. Muchos sostienen que se trata de una evidencia irrefutable de la existencia de materia oscura y en contra de la hipótesis MOND. Sin embargo, en los últimos años los defensores de la teoría MOND también han propuesto diversas maneras de explicar estas diferencias.

Los críticos de la materia oscura también se basan en la velocidad a la que colisionaron los dos cúmulos —3.000 kilómetros por segundo—, ya que los primeros modelos computacionales realizados para comprobar la hipótesis de la materia oscura no arrojaban valores tan elevados para dicho parámetro. Sin embargo, los modelos que se emplean hoy en día se han retocado para que se ajusten a esta velocidad. Como vemos, el cúmulo Bala sigue siendo objeto de acaloradas disputas.

actualmente en rumbo de colisión (ver página 232). Para que hayan podido escapar de la expansión del universo y ahora estén dirigiéndose una hacia la otra ha de existir una atracción gravitacional entre estas galaxias equivalente a una masa 80 veces mayor que la de las estrellas que podemos ver en dichas galaxias.

## La ecuación de Drake

Mucho antes de que se descubriese el primer exoplaneta, los astrónomos ya se planteaban la posibilidad de la existencia de vida en otras partes del universo. Ya en el 1600, Giordano Bruno aseguraba que las estrellas no son más que versiones lejanas de Sol, con sus planetas y, tal vez, incluso seres vivos (ver página 38).

A principios de la década de los sesenta, el radioastrónomo estadounidense Frank Drake ideó una manera de realizar una estimación de cuántas civilizaciones inteligentes podría haber en la Vía Láctea. Presentó su trabajo en el primer simposio dedicado a la búsqueda de inteligencia extraterrestre (el programa SETI, siglas en inglés de Search for Extra-Terrestrial Intelligence). Como radioastrónomo, estaba interesado en concreto en la cantidad de civilizaciones con las que sería posible comunicarse.

La ecuación de Drake es un ejercicio de probabilidad. Para averiguar la probabilidad de que ocurran dos eventos multiplicamos la probabilidad de que ocurra uno por la probabilidad de que ocurra el otro. Así, la probabilidad de que salga cruz dos veces seguidas al lanzar una moneda es de ¼ (½ × ½). Drake tuvo en cuenta siete factores clave que determinan si un planeta puede llegar a desarrollar una civilización inteligente capaz de comunicarse a través de señales de radio. La estrella ha de contar con al menos un planeta, las condiciones de dicho planeta han de ser adecuadas para la vida, la cual tiene que haber prendido en ese lugar y haber evolucionado hasta dar lugar a seres inteligentes, etc. Drake multiplicó todas estas probabilidades para estimar el número de civilizaciones de la Vía Láctea con las que podríamos contactar. Su respuesta original fue de al menos mil. Usando valores más actuales, la cifra es significativamente menor, y a veces queda reducida a un mero puñado de planetas. Eso podría explicar por qué hasta el momento no hemos encontrado ninguna evidencia de otras civilizaciones avanzadas, pese a lo cual los astrónomos no cejan en su empeño.

## La búsqueda de inteligencia extraterrestre (el programa SETI)

La búsqueda de señales extraterrestres por medio de radiotelescopios comenzó en serio a principios de la década de los sesenta. Cuando en 1960 Frank Drake hizo girar el plato de 26 metros de diámetro del radiotelescopio de Green Bank, en Virginia Occidental, y lo apuntó hacia las estrellas Tau Ceti y Épsilon Eridani, no escuchó nada reseñable. Del mismo modo que cuando ponemos la radio disponemos de un amplio rango de frecuencias entre las que elegir, los astrónomos debían escoger en qué frecuencia sintonizar sus aparatos de escucha. Drake eligió una frecuencia cercana a los 1.420 megahercios. No solo se trata de una región silenciosa del espectro de las ondas de radio, sino que además se encuentra entre las frecuencias naturales del hidrógeno (H) y el hidroxilo (OH). Los radioastrónomos se han fijado en que, tomadas conjuntamente, ambas sustancias forman agua ($H_2O$), así que este intervalo

# LA PARADOJA DE FERMI

¿Donde está todo el mundo? Esta simple pregunta se conoce como la *paradoja de Fermi*, que lleva el nombre del físico italoestadounidense Enrico Fermi.

A primera vista, la vida en el universo debería ser bastante común. Hay muchísimas estrellas y planetas ahí fuera, por lo que en principio habría muchas posibilidades de que hubiese seres vivos en otros lugares del espacio. Puesto que además existen estrellas mucho más viejas que el Sol, debería haber planetas habitables mucho más antiguos que la Tierra con civilizaciones que habrían aparecido mucho antes que la nuestra.

Pero si toda esta vida está ahí afuera, ¿por qué no hemos detectado ni el más mínimo indicio de su existencia? Aquí en la Tierra hemos descubierto evidencias de la existencia de los dinosaurios y de las primeras especies de homínidos que vivieron en el planeta antes que nosotros, pero nunca hemos encontrado restos arqueológicos equivalentes en el espacio que pudiesen sugerir que alguien más habite actualmente o haya habitado en el pasado en la Vía Láctea.

Algunos astrónomos sostienen que esto se debe a que somos los únicos seres vivos de la Vía Láctea, otros opinan que las civilizaciones inteligentes se aniquilan a sí mismas antes de tener ocasión de darse a conocer a alguien más. A pesar de todo, seguimos escrutando y escuchando pacientemente el cielo en busca de señales de posibles vecinos pasados o presentes.

recibe el sobrenombre de *water hole* (algo así como «hueco del agua»), una franja tranquila del espectro de ondas de radio que los extraterrestres podrían utilizar para reunirse y charlar de sus cosas de la misma manera que los animales de la sabana se congregan en torno a las charcas.

Desde el trabajo pionero de Drake, los astrónomos han llevado a cabo un gran esfuerzo conjunto para escanear los cielos en estas frecuencias, pero incluso verificar las mil estrellas más cercanas en esta estrecha banda de frecuencias significa tener que buscar en más de 242.000 millones de canales de radio posibles. El programa SETI recibió un importante impulso en 2015, cuando el multimillonario ruso Yuri Milner respaldó la iniciativa con 100 millones de dólares. El proyecto resultante, que lleva por nombre Breakthrough Listen (algo así como «la escucha que nos llevará a dar el salto») y se prolongará durante 10 años, constituirá la búsqueda más extensa de comunicación alienígena realizada hasta la fecha.

Sin embargo, en seis décadas de escucha no hemos detectado nada concluyente. Aunque hubo una señal que sigue siendo tentadoramente inexplicable: la señal «Wow!» de 1977, una lectura registrada en el radiotelescopio Big Ear («gran oreja») de Ohio que presenta todas las características propias de una emisión de origen alienígena. Se trata de una intensa ráfaga de transmisión de radio de 72 segundos de duración que hizo que el astrónomo Jerry R. Ehman se emocionase tanto que rodeó en rojo los dígitos relevantes y al lado escribió «*Wow!*» («¡Guau!»). No obstante, nunca hemos vuelto a oírla y no tenemos forma de demostrar que provenga de una fuente extraterrestre, así que podría ser el documento más importante de la historia humana o no ser nada. Esa es la clase de frustración inescapable que conlleva el programa SETI.

# El grupo local

## *Las nubes de Magallanes*

En el siglo XVI, el explorador portugués Fernando Magallanes cruzó el ecuador en sus intentos de circunnavegar la Tierra. Desde el hemisferio sur advirtió dos gigantescas nubes tatuadas en el cielo que giraban a través de la noche a medida que la Tierra rotaba. Aunque en aquel momento no pudo saberlo, estaba contemplando materiales que se encuentran más allá de nuestra galaxia. Hoy en día seguimos refiriéndonos a ellas como las *nubes de Magallanes*.

Forman parte del Grupo Local, un nombre muy apropiado para designar al conjunto de las galaxias vecinas más cercanas, entre las que se incluyen las galaxias enanas que orbitan en torno a la Vía Láctea y las galaxias de Andrómeda y del Triángulo (ver página 230). Las nubes de Magallanes son visibles casi en exclusiva desde latitudes meridionales, donde se pueden distinguir fácilmente a simple vista entre las constelaciones del Dorado, Mensa, Tucana e Hidra.

La Gran Nube de Magallanes tiene 14.000 años luz de diámetro y se encuentra a 160.000 años luz de distancia. En el cielo nocturno alcanza una longitud equivalente a 20 lunas llenas. En ella se encuentra la nebulosa de la Tarántula, la región más activa de formación estelar de todo el Grupo Local. En 1987 estalló una supernova cerca de los márgenes de esta nebulosa. Conocida como SN 1987a, fue la supernova que más cerca de nosotros ha detonado desde la llamada *supernova Kepler* de 1604. Su resplandor era tan intenso que se podía ver a simple vista.

La Pequeña Nube de Magallanes tiene aproximadamente la mitad del tamaño que la Gran Nube y se encuentra unos 40.000 años luz más alejada. La interacción gravitacional que establece con la Gran Nube da lugar al puente de Magallanes, un rastro de hidrógeno que se extiende por el espacio vacío que las une. Un efecto similar genera la corriente de Magallanes que se extiende entre las nubes de Magallanes y la propia Vía Láctea. La presencia de una característica zona en forma de barra en el centro de la Gran Nube de Magallanes sugiere que en el pasado pudo haber sido una galaxia espiral enana que fue despojada de sus brazos por la atracción gravitacional de sus galaxias vecinas.

## Las cefeidas variables

En 1908, la astrónoma estadounidense Henrietta Swan Leavitt publicó uno de los artículos científicos más importantes de la historia de la astronomía. Llevaba por título «1.777 variables en las nubes de Magallanes». Las variables en cuestión eran las cefeidas variables, una serie de estrellas que se expanden y se contraen, lo que hace que su brillo cambie de forma regular. También nos proporcionan una inestimable forma de medir distancias en el espacio y forman parte de un grupo de herramientas astronómicas conocidas como *candelas estándar*. Los astrónomos usan el paralaje para calcular la distancia a la que se encuentran las estrellas más cercanas (ver página 159), pero a partir de cierto punto las estrellas están tan lejos que esta técnica ya no se puede aplicar. Ahí es donde entran en juego las candelas estándar.

Imaginemos que vemos la luz de una bombilla por la ventana de un edificio distante. Cuanto más lejos nos hallemos de ella, más tenue parecerá, ya que la luz se va desvaneciendo con la distancia. Pero si sabemos cuál es el brillo real de la bombilla (por ejemplo, 40 o 60 vatios), podríamos calcular en qué medida se ha desvanecido y, a partir de ahí, inferir la distancia a la que se encuentra el edificio.

Podemos hacer exactamente lo mismo en el espacio, con la salvedad de que las estrellas no llevan escrito bien clarito en un lateral su luminosidad real. Por eso el trabajo que Henrietta Swan Leavitt realizó sobre las cefeidas variables es tan valioso. Descubrió que el brillo tarda más en variar en las cefeidas más luminosas. Dada esta relación, si localizamos una cefeida, aguardamos y vemos cuánto tiempo tarda en variar su brillo, podemos calcular su verdadera luminosidad. Al igual que ocurre con el ejemplo de la bombilla, a partir de aquí es fácil determinar la distancia a la que se encuentra la estrella.

Como veremos, en las primeras décadas del siglo xx se han producido toda una serie de grandes avances en nuestra comprensión del universo y sus orígenes, pero cuesta entender cómo hubieran sido posibles sin Henrietta Swan Leavitt y su forma precisa de medir distancias ahí donde la técnica del paralaje deja de funcionar.


### *Andrómeda y la galaxia del Triángulo*

El cielo nocturno es todo un festival para la vista. Meteoritos, cometas, planetas, estrellas, cúmulos globulares, nebulosas, estrellas dobles... ¡Hay tanto que ver! Pero ¿cuáles son los objetos más lejanos que podemos apreciar sin la ayuda de unos prismáticos o un telescopio? Respuesta: las galaxias más cercanas.

Arrellanado entre las estrellas de la constelación de Andrómeda y apenas perceptible para el ojo humano, hay un parche de luz difusa. Es como si alguien se hubiese lamido el pulgar, hubiese levantado la mano y hubiese embadurnado con él el negro lienzo de la noche. Se trata de la galaxia de Andrómeda, la galaxia de gran tamaño más cercana a la Vía Láctea. Contiene un billón de estrellas, y sin embargo parece ser poco más que el retazo de una nube pasajera. Esto se debe a que se encuentra a una distancia increíble de nosotros: nada menos que 2,5 millones de años luz. Es decir, aunque la luz viaja a 300.000 metros por segundo (¡por segundo!), tardaría 2,5 millones de años en completar todo el recorrido que lleva hasta Andrómeda. No es de extrañar que apenas podamos verla.

Cuando contemplamos Andrómeda, estamos viendo una luz de 2,5 millones de años de antigüedad. Los humanos tal como somos actualmente ni tan siquiera existíamos sobre la faz de la tierra cuando la luz que ahora nos llega emprendió su viaje. Por aquel entonces, nuestros antepasados, los primates conocidos como *Australopithecus*, estaban empezando a convertir guijarros en las primeras herramientas primitivas en los albores de la Edad de Piedra. Cualquier forma de vida alienígena que viviese en Andrómeda y que dispusiese de telescopios lo suficientemente potentes como para observar la Tierra desde tan lejos, tan solo vería a los *Australopithecus*. No tendrían forma de saber que sus descendientes fueron capaces de construir naves flotantes a partir de árboles muertos con las que recorrer y explorar los océanos. O que, a su vez, los descendientes de estos conquistaron un océano completamente nuevo —esta vez, negro en lugar de azul— lanzando gigantescas naves metálicas al cielo.

Se suele decir que Andrómeda es el objeto celeste más lejano que se puede ver sin la ayuda de unos prismáticos o un telescopio. Esto es cierto en la mayoría de los casos, pero, en zonas muy oscuras, quienes gozan de una vista perfecta también deberían ser capaces de distinguir la galaxia del Triángulo. Es la tercera galaxia más grande del Grupo Local y se encuentra a 3 millones de años luz de distancia. Parece ser que el Triángulo se está viendo alterado gravitacionalmente por la influencia de Andrómeda, como parece indicar la corriente de hidrógeno que se extiende entre ellas y que abarca la friolera de 782.000 años luz.

## Lactómeda

Tanto Andrómeda como la Vía Láctea se están desplazando. La distancia que separa a ambas galaxias se está reduciendo a una velocidad de 100 kilómetros por segundo, y el ritmo se está acelerando. Dentro de unos 4.000 millones de años, lo más probable es que estas dos supermetrópolis de estrellas colisionen entre sí. Esto puede sonar catastrófico, pero las galaxias espirales no son objetos sólidos, por lo que no será como cuando dos vehículos chocan frontalmente en un accidente de tráfico. Más bien lo que ocurrirá será que los discos galácticos se entrelazarán y la gravedad hará que inmensos hilos de estrellas y polvo se desplacen hacia el exterior. En un cierto momento del proceso, se combinarán para dar lugar a una supergalaxia que los astrónomos han bautizado con el nombre de *Lactómeda*. La galaxia del Triángulo, que Andrómeda arrastrará durante su aproximación, quedará orbitando en torno a esta nueva galaxia.

Los modelos cibernéticos que se han realizado de este evento sugieren que hay un 12 por ciento de posibilidades de que, en el proceso de fusión, el Sol sea expulsado hacia el exterior, con lo que quedaría vagando como una estrella huérfana por el espacio intergaláctico. En todo caso, la vida de la Tierra no tiene de qué preocuparse, pues para entonces el Sol ya habrá convertido este planeta en un infierno yermo y estéril (ver página 170). Como premio de consolación, Andrómeda se irá convirtiendo en un espectáculo cada vez más asombroso a medida que se vaya acercando. En la actualidad, ya es 6 veces más grande que el diámetro de la luna llena.

Las fusiones galácticas son un fenómeno bastante común en el universo y los astrónomos han tenido ocasión de estudiarlas a fondo. Uno de los ejemplos más famosos es el de las galaxias Antena de la constelación del Cuervo. El nombre proviene de las corrientes de gas que emanan hacia fuera desde la región central y que recuerdan a las antenas de un insecto. Estas dos galaxias colisionaron hace poco más de 1.000 millones de años, dando lugar a la fusión de nubes de gas y desencadenando un intenso período de formación estelar.

Otra fusión galáctica célebre se encuentra en la galaxia Remolino. En este caso, la galaxia principal tiene una compañera llamada NGC 5195, una galaxia enana que parece haber atravesado el disco principal hace unos 500 o 600 millones de años.

# Galaxias lejanas

## *Cúmulos y supercúmulos*

Si nos alejamos del Grupo Local, llega un momento en el que nos encontramos con otros cúmulos de galaxias. Algunos de los más próximos son los grupos M81, M51 y M101, nombrados a partir de sus galaxias más voluminosas y que forman parte del supercúmulo de Virgo, una estructura colosal que contiene más de cien grupos de galaxias, entre los que se incluye nuestro propio Grupo Local, y abarca más de 100 millones de años luz. El universo observable contiene cerca de 10 millones de estos supercúmulos.

Resulta complicado hacerse una imagen mental clara de esta estructura, por lo que compararlo con la geografía de la Tierra, con la cual estamos mucho más familiarizados, puede servirnos de ayuda. Imagina que el sistema solar es la casa en la que vives. A esta escala, el Sol y los planetas equivaldrían a las habitaciones. Los sistemas exoplanetarios descubiertos hasta ahora por el telescopio espacial Kepler (y otros aún por descubrir) serían las demás casas de tu calle (separadas, pero muy próximas a la tuya).

Alejándonos de tu calle, lo siguiente que veríamos sería tu pueblo o tu ciudad. Una galaxia es como una ciudad de estrellas, así que la Vía Láctea sería el equivalente de nuestra ciudad natal en el espacio. Incluso cuenta con regiones centrales mucho más ajetreadas y caóticas en la zona de la protuberancia y suburbios más tranquilos y apacibles en las zonas externas del disco, donde vivimos nosotros.

Si en la Tierra las ciudades se congregan constituyendo países, en el espacio las galaxias forman agrupaciones llamadas *cúmulos*. Y al igual que los países forman enormes y

# EL CÚMULO DE VIRGO

El enorme supercúmulo de Virgo hereda su nombre del de su miembro más apreciable, el cúmulo de Virgo, que además ocupa la posición central. Nuestro grupo local contiene entre 50 y 60 galaxias, pero el cúmulo de Virgo cuenta con alrededor de 2.000. Su masa total supera los 1.000 millones de soles.

Una de sus galaxias más estudiadas, la M87, tiene 12.000 cúmulos globulares girando en torno a ella (¡muchos más que los 150 de la Vía Láctea!). En su centro hay un agujero negro supermasivo cuya masa equivale a 7.000 millones de soles (mientras que el de Sgr A*, el agujero negro de la Vía Láctea, equivale a tan solo 4 millones).

Un chorro caliente muy característico emana del centro de M87 y se extiende por casi 5 mil años luz de distancia. Aquí la gravedad del agujero negro central acelera la materia hasta velocidades próximas a la de la luz y la arroja fuera de la galaxia. Los astrónomos esperan obtener mucha más información sobre este fenómeno con el telescopio Event Horizon (ver página 212).

Con la ayuda de un pequeño telescopio puedes ver por ti mismo la galaxia M87 y muchos otros de los miembros del cúmulo de Virgo. El cúmulo es visible en una franja del cielo de diez grados de ancho que va desde la estrella Denébola, en la constelación de Leo, hasta Vindemiatrix, en Virgo.

extensas masas de tierra llamadas *continentes*, los cúmulos galácticos forman grupos masivos llamados *supercúmulos*. Así como el mundo está hecho de continentes, el universo observable está hecho de supercúmulos.

| En la Tierra | En el espacio |
| --- | --- |
| Tu casa | El sistema solar |
| Tu calle | Los exoplanetas |
| Tu pueblo o ciudad | La Vía Láctea |
| Tu país | El Grupo Local |
| Tu continente | El supercúmulo de Virgo |
| La Tierra | El universo observable |

## La clasificación de las galaxias

No todas las galaxias tienen forma espiral. Por ejemplo, M87 es una galaxia elíptica; se parece más a una masa de estrellas con forma de pelota de rugby y no presenta franjas de polvo ni brazos espirales. Además, a diferencia de las galaxias espirales, que son más planas, las elípticas giran muy lentamente.

En un primer momento, las galaxias se clasificaron usando la *secuencia de Hubble*, cuyo nombre deriva del astrónomo estadounidense Edwin Hubble. Su sistema de clasificación consta de tres categorías de galaxias: las elípticas, las espirales y las lenticulares (discos planos con brazos espirales poco definidos).

Hubble organizó originalmente estas galaxias en un diagrama que presenta una característica forma de diapasón. Muchos creyeron equivocadamente que estaba mostrando un modelo de cómo evolucionan las galaxias, las cuales empezarían siendo elípticas redondeadas y, de forma gradual, comenzarían a girar más y más rápido hasta adquirir una forma aplanada lenticular, para posteriormente acabar desarrollando brazos espirales. Sin embargo, esa nunca fue la intención de Hubble, y hoy día hemos podido comprobar que, de hecho, las galaxias no evolucionan de esta manera. Con todo, el llamado *diagrama en diapasón* sigue siendo una herramienta útil a la hora de clasificar las galaxias.

Las elípticas se denotan con la letra E seguida de un número del 0 al 7. Cuanto mayor es el número, más elíptica es la galaxia. El símbolo que se utiliza para las lenticulares es S0. Las galaxias espirales que no presentan una barra central pueden ser Sa, Sb o Sc. Las letras del alfabeto corresponden a una gradación según cómo sean sus brazos espirales, que pueden ir de los muy arremolinados y poco definidos (a) a los muy sueltos y definidos (c). En ocasiones se considera que una galaxia se encuentra a caballo entre dos grupos, por ejemplo, Sbc. Por su parte, las galaxias que presentan una barra central pueden ser de tipo SBa, SBb o SBc.

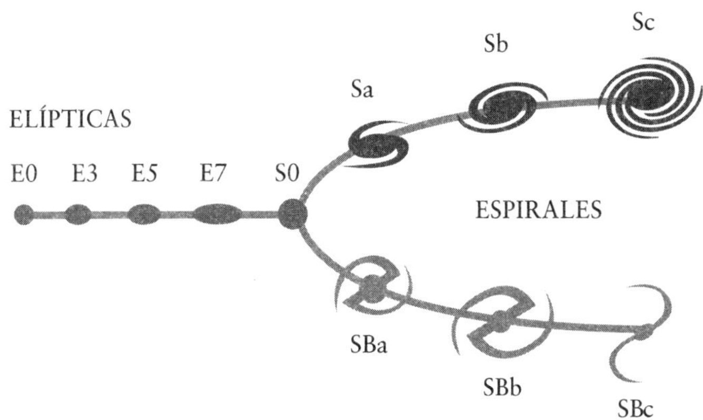


El diagrama en diapasón de Edwin Hubble muestra los diferentes tipos de galaxias: elípticas (E), lenticulares (S0) y espirales (S).

# EL CATÁLOGO MESSIER

Si enfocamos un telescopio o unos prismáticos en el cielo nocturno, veremos muchas zonas en las que aparecen borrones difusos. Algunos son cúmulos estelares o nebulosas de nuestra propia galaxia, mientras que otros son galaxias más lejanas, como Andrómeda.

En el siglo XVIII, el astrónomo francés Charles Messier confeccionó un catálogo de estos objetos. Messier se dedicaba a la búsqueda de cometas, por lo que su intención era registrar cualquier cosa que pudiera confundirse con esta clase de cuerpos celestes. Los objetos de la lista se designan simplemente como M1, M2, M3, etc.

Muchos de los objetos más espectaculares que hemos encontrado hasta ahora están incluidos en el catálogo Messier. Por ejemplo, M1 es la nebulosa del Cangrejo —los restos de una supernova, la famosa «estrella invitada» de 1054 (ver página 173)—. Las galaxias de Andrómeda y del Triángulo son respectivamente M31 y M33, y acabamos de mencionar M87. La galaxia del Remolino, con su destructiva compañera, es M51.

La lista final de Messier contenía 103 elementos, siendo el último un cúmulo abierto situado en la constelación de Casiopea. Sin embargo, con los años, los astrónomos han ido añadiendo algunos más. Por ahora el inventario llega hasta M110, una galaxia enana que orbita alrededor de Andrómeda.

Este sistema tiene sus inconvenientes. Por ejemplo, la forma en que clasifiquemos una galaxia depende del ángulo en que la veamos. Vista de frente, una galaxia espiral antigua que haya perdido la mayoría de sus brazos puede ser fácilmente confundida con una galaxia elíptica. En 2011, el equipo de astrónomos del proyecto de prospección galáctica ATLAS$^{3D}$ descubrió que dos tercios de las galaxias locales que en un primer momento se habían clasificado como elípticas eran en realidad discos en rápida rotación.

## Los núcleos galácticos activos

Como hemos visto, en la región central de la galaxia M87 hay considerablemente más movimiento y agitación que en la protuberancia de nuestra Vía Láctea. Por este motivo, los astrónomos dicen que M87 es una *galaxia activa*, y a su región central la denominan núcleo galáctico activo (también conocido como AGN, siglas inglesas de Active Galactic Nuclei). La Vía Láctea no se considera una galaxia activa.

Todo depende de cuánto engulle el agujero negro supermasivo de la galaxia. Si absorbe una gran cantidad de materia, se forma un disco de acreción que en realidad es una cola gigante y plana de materiales en rotación que aguardan su turno para lanzarse al agujero. A medida que el gas y el polvo giran en espiral cada vez más y más rápido, la fricción hace que la temperatura se dispare y que estos materiales supercalientes brillen con luz ultravioleta de alta energía y rayos X. El centro de una galaxia activa suele emitir más energía que el resto de toda la galaxia junta. Algunos núcleos galácticos activos tienen tantísima energía que su resplandor eclipsaría más de mil galaxias como la Vía Láctea. Además, pueden estallar. En ese caso, la cantidad de energía que emiten presenta ciertos picos en un corto período de tiempo. Se cree que esto se debe a que el agujero negro supermasivo se está dando un atracón particularmente copioso. Los astrónomos pueden determinar el tamaño del festín en función de lo que duren estos picos energéticos. Por ejemplo, un estallido de una semana de duración probablemente haya sido causado por una nube de aproximadamente una semana luz (la cincuentaidosava parte de un año luz) de ancho.

En más o menos una de cada diez galaxias activas, las interacciones que se producen entre el disco de acreción y el campo magnético del agujero negro congregan parte del material en chorros simétricos que brotan violentamente en ángulo recto con respecto al disco. Esto es lo que sucede en M87. Sin embargo, estos chorros no emanan del interior del agujero negro en sí (eso sería imposible), sino que se originan en el disco de acreción, el cual se encuentra justo en el borde exterior del horizonte de eventos del agujero negro.

### Cuásares y blázares

Los núcleos galácticos activos más potentes se pueden ver a grandes distancias por todo el universo. En un primer momento se creyó que eran estrellas, pero al medir la distancia a la que se encuentran se comprobó que muchos de ellos están a miles de millones de años luz de distancia. Ninguna estrella ordinaria es lo suficientemente brillante como para poder verla desde tan lejos, por lo que se denominaron *objetos cuasiestelares*, término que con posterioridad se redujo simplemente a *cuásar*.

El nombre específico que reciben los núcleos galácticos activos depende del ángulo desde el que lo veamos. Si lo vemos directamente desde encima de uno de los chorros, recibe el nombre de *blázar*. Dado que estos chorros son muy estrechos, los blázares son objetos muy compactos. También son muy variables, ya que la intensidad de los chorros de los núcleos galácticos activos depende de la cantidad de gas que consume el agujero negro central.

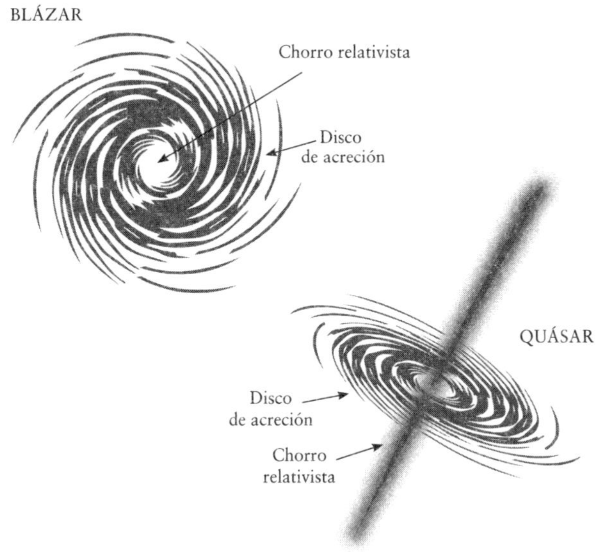


Los astrónomos denominan cuásares o blázares a los núcleos galácticos activos dependiendo del ángulo desde el que los veamos.

Observar objetos lejanos como los cuásares y los blázares significa mirar atrás en el pasado. Imagina que recibes una postal que te ha enviado un amigo en la que te cuenta cómo le están yendo las vacaciones. Cuando la lees, no te estás enterando de lo que está haciendo en ese momento, sino que descubres lo que estaba haciendo varios días antes, cuando la escribió. El mensaje tarda un tiempo en llegar a ti, por lo que una postal siempre te traerá noticias del pasado, no del presente. Lo mismo ocurre con la luz y el espacio. Cuando vemos un objeto que se encuentra a 1.000 millones de años luz de distancia, significa que su luz ha tardado 1.000 millones de años en llegar a la Tierra. Por tanto, estamos viendo una imagen de cómo era el universo hace 1.000 millones de años. Los astrónomos han descubierto que la mayor parte de los cuásares y los blázares se encuentran a enormes distancias de la Tierra, lo que significa que en el universo primitivo eran más comunes de lo que son en la actualidad.

## Corrimiento al rojo

La astronomía del siglo XX lleva asociados muchos nombres famosos, pero Vesto Slipher no es uno de ellos. La historia lo ha pasado por alto, pero su contribución a la comprensión que tenemos actualmente del universo ha sido inestimable. En 1912 se convirtió en la primera persona que midió el corrimiento al rojo de una galaxia.

Ya hemos visto los conceptos de corrimiento al rojo y corrimiento al azul al hablar del método de la velocidad radial como forma de descubrir exoplanetas (ver página 195). Si una fuente de luz se aleja de nosotros, sus ondas de luz se expanden y sus líneas espectrales (ese patrón que parece un código de barras) se desplazan hacia el extremo rojo del espectro de colores. Análogamente, las líneas de un objeto que se esté aproximando se desplazarán hacia el extremo azul del espectro. Cuanto más se desplacen, mayor será la velocidad a la que se mueve el objeto.

Slipher fue el primer astrónomo que analizó con precisión los espectros de las galaxias y descubrió estos des-

# EL CAMPO ULTRAPROFUNDO DEL HUBBLE

El telescopio espacial Hubble ha cambiado por completo la forma en que entendemos el universo. Una de sus fotografías más famosas es la conocida con el nombre de *campo profundo del Hubble*. Entre el 18 y el 28 de diciembre de 1995, los astrónomos usaron el Hubble para escudriñar implacablemente un área del cielo equivalente al tamaño que tendría un grano de arena si lo sostuviésemos con el brazo estirado. La fotografía contenía unos tres mil puntitos, motas y manchas que en realidad eran algunas de las galaxias más lejanas jamás descubiertas. Se encuentran tan lejos de nosotros, que la mayoría de ellas ya no existen. Han desaparecido en los más de 13.000 millones de años que su luz ha tardado en llegar a la Tierra.

Entre 2003 y 2004 se tomó una fotografía similar llamada *campo ultraprofundo del Hubble*. Las estimaciones basadas en esta imagen parecen indicar que el universo observable contiene 2 billones de galaxias, cada una de ellas con cientos de miles de millones de estrellas, lo que significa que el número de estrellas en el universo es mayor que la suma de todos los latidos de corazón que ha habido en la historia de la humanidad. La cifra a la que se llega asumiendo un latido por segundo por cada *Homo sapiens* que haya existido jamás sigue siendo mil veces menor que la cantidad de estrellas que existen ahí fuera.

plazamientos. Para 1921 ya había analizado un total de 41 galaxias y había descubierto que Andrómeda y otras tres galaxias se están acercando a nosotros (ya que sus espectros se desplazan hacia el azul). Sin embargo, la mayoría de las galaxias que estudió mostraban un corrimiento al rojo, lo que significa que se están alejando de la Vía Láctea.

Hoy conocemos cerca de un centenar de galaxias cuyos espectros están desplazados hacia el azul, pero cientos de miles de millones de galaxias con espectros desplazados hacia el rojo. Eso quiere decir que casi todas las galaxias del universo se alejan de la Vía Láctea.

## La ley de Hubble

El nombre que más asociamos con las galaxias desplazadas al rojo no es el de Slipher, sino el de su colega el astrónomo estadounidense Edwin Hubble. Hubble midió las distancias a las galaxias utilizando la técnica de las cefeidas variables desarrollada originalmente por Henrietta Swan Leavitt (ver página 229) y las comparó con los datos de Slipher sobre el corrimiento al rojo de las galaxias. Al hacerlo, descubrió un patrón muy simple: cuanto más lejos se encuentra una galaxia, más se desplaza hacia el rojo, lo que parece indicar que las galaxias más distantes se alejan de nosotros más rápido que las cercanas. Hubble publicó sus resultados en 1931.

Con el paso del tiempo, esta regla ha acabado siendo conocida popularmente como la *ley de Hubble* (aunque el sacerdote y astrónomo belga Georges Lemaître ya había publicado una idea similar en 1929). Un parámetro llamado *constante de Hubble* nos indica la velocidad a la que parecen moverse las galaxias. El valor actual de la constante de Hubble (la cual se representa con el símbolo $H_0$) es de aproximadamente 21 kilómetros por segundo por cada millón de años luz. Es decir, si una galaxia A se encuentra un millón de años luz más alejada de nosotros que otra galaxia B, la primera se alejará 21 kilómetros por segundo más rápido que la segunda.

Gracias a la ley de Hubble, el corrimiento al rojo se ha convertido en una excelente manera de medir distancias en el espacio. Tan solo hemos de analizar el espectro de una galaxia para ver cuánto corrimiento al rojo presenta y después aplicar la ley de Hubble para traducir ese valor a la distancia a la que se encuentra. El objeto más lejano que se conoce actualmente (es decir, el que mayor corrimiento al rojo muestra) es la galaxia GN-z11, que se encuentra aproximadamente a 13.400 millones de años luz de distancia.

## El universo en expansión

La ley de Hubble establece una premisa muy simple: cuanto más lejos está una galaxia, más rápido parece alejarse de nosotros. Sin embargo, esta idea aparentemente inocua conlleva consecuencias increíblemente profundas: significa que nuestro universo se está expandiendo.

A primera vista, podría no resultar obvio por qué la ley de Hubble implica que vivimos en un universo en expansión. Nos ayudará imaginar una masa de repostería llena de pasas a punto de entrar en el horno para su cocción. Pongamos por caso que la masa se expande hasta alcanzar el doble de su tamaño original en una hora. Ahora ponte en el lugar de una de las pasas y piensa en lo que verías. Una pasa vecina que inicialmente se encontrase a un centímetro de ti acabaría a dos centímetros de distancia. Otra que al principio estuviese a dos centímetros, ahora estaría a cuatro. Así pues, te parecería que la primera pasa se habría movido un centímetro en una hora, mientras que la segunda se habría alejado dos centímetros en el mismo tiempo. Conclusión: cuanto más lejos están las pasas, más rápido se alejan de nosotros.

Incluso podríamos formularlo de este modo: «en una masa de repostería en expansión, las pasas parecen moverse un centímetro por hora por cada centímetro de separación que hubiese al inicio». Y eso es exactamente lo que nos dice la constante de Hubble: las galaxias se mueven 21 kilómetros por segundo más rápido por cada millón de años luz de separación inicial. Al igual que la masa de repostería, el universo también está en expansión.

Pero el motivo por el que las galaxias se alejan de nosotros no es que se estén desplazando a través del espacio (al fin y al cabo, tampoco las pasas se mueven a través de la masa). Lo que ocurre es que la distancia que separa a las galaxias crece a medida que el espacio que media entre ellas se expande. Cuanto mayor sea la distancia entre nosotros y una galaxia lejana, más espacio en expansión habrá entre medias y, por ende, más rápido nos parecerá que se aleja de nosotros.

# 6

# El universo

## El Big Bang

### *Los orígenes de la idea*

Hubble nos enseñó que el universo se está expandiendo. Un universo en expansión es más grande hoy de lo que era ayer, por lo que es natural pensar que debe haber sido muy pequeño en el pasado distante. Esto encajaba muy bien con los trabajos que Alexander Friedmann y Georges Lemaître habían desarrollado anteriormente, en la década de 1920. En su caso, emplearon las ecuaciones de la teoría de la relatividad general de Einstein para sugerir que el universo se había ido expandiendo con el tiempo a partir de un estado compacto inicial.

Podemos tomar la velocidad a la que se expande el universo (es decir, la constante de Hubble), y a partir de ella calcular cuándo comenzó la expansión. La cifra comúnmente aceptada hoy en día es de 13.800 millones de años. Si observásemos la expansión marcha atrás, veríamos que todo se acerca cada vez más. Ciñéndonos al pie de la letra a lo establecido por la relatividad general, todo el espacio (en realidad todo el espacio-tiempo) acaba concentrado en una singularidad: el mismo punto infinitamente pequeño e infinitamente denso que, según predice también esta teoría, se halla en el centro de los agujeros negros y en el que los conceptos de espacio y tiempo se vienen abajo.

Tomados en conjunto, todos estos indicios parecen indicar que tanto el tiempo como el espacio comenzaron a existir hace unos 13.800 millones de años, cuando un punto caliente increíblemente pequeño explotó hacia la periferia. Los astrónomos llaman a este evento el *Big Bang* («la gran explosión»). El universo al que dio origen ha estado expandiéndose y enfriándose desde entonces.

## El modelo del estado estacionario

El término *Big Bang* fue acuñado por el astrónomo inglés Fred Hoyle durante una entrevista radiofónica que le hizo la BBC en 1949. Hoyle era uno de los mayores críticos de la teoría del Big Bang y se inclinaba a favor del modelo del estado estacionario: la idea de que el universo ha existido siempre, más o menos con la forma que tiene actualmente. En contraste directo con lo propuesto por la hipótesis del Big Bang, según este modelo, el tiempo y el espacio no tienen principio ni fin, y el universo se encuentra en un estado estacionario. Esta teoría fue concebida en 1948 por Hoyle junto con Hermann Bondi y Thomas Gold.

Si trataron de encontrar una explicación alternativa fue porque en los años cuarenta la teoría del Big Bang presentaba un problema importante: predecía que el universo era más joven que la Tierra. Los astrónomos habían sobrestimado enormemente la constante de Hubble (el valor de la velocidad a la que se está expandiendo el universo) porque no tenían forma de medir con precisión la distancia a la que se encuentran las galaxias. Al creer que el universo se estaba expandiendo mucho más rápido de lo que en realidad lo hacía, subestimaron por mucho su edad. El valor original que calculó Hubble era de tan solo 2.000 millones de años, pero los geólogos ya habían encontrado rocas que tenían 3.000 millones de años.

El modelo del estado estacionario explica la expansión que observamos en el universo argumentando que a medida que se expande el espacio, se va creando nueva materia con la que llenar los huecos. De este modo, la densidad total del universo se mantiene estable en el tiempo. Esto significaría que ocasionalmente aparecerían nuevas estrellas y galaxias que se unirían a otras ya existentes mucho más antiguas. Por tanto, en un universo estable, las estrellas y las galaxias vecinas deberían tener edades muy variadas.

Así es que en la década de 1940, como tantas otras veces ha ocurrido en la historia de la ciencia, había un enfrentamiento entre dos teorías rivales. La única forma de esclarecer la cuestión era fijarse en las predicciones que ambas teorías hacían sobre cómo debería ser el universo si estaban en lo cierto. Sal ahí fuera, encuentra lo que decías que tendría que existir según tu teoría y el premio es tuyo.


## La nucleosíntesis

Asumiendo un modelo estacionario no hay necesidad de explicar cómo el universo llegó a tener el aspecto que tiene ahora; sencillamente siempre ha estado aquí, siempre ha existido en su forma actual. El problema del Big Bang es que no solo implica que el espacio y el tiempo tuvieron un inicio, sino también que al principio el universo era fundamentalmente distinto a como es ahora. Si creemos en esta teoría, también deberíamos ser capaces de explicar cómo a partir de un minúsculo punto caliente inicial acaba formándose un universo inmenso lleno de estrellas y galaxias.

Si el universo de hoy ha sido alguna vez más pequeño que un átomo, las temperaturas habrían sido extremadamente altas: del orden de 10.000 millones de grados centígrados tan solo un segundo después del Big Bang. Los astrónomos echan mano de lo que sabemos sobre física de partículas para determinar lo que habría sucedido en condiciones tan extremas. Eso es precisamente lo que están haciendo los aceleradores de partículas como el Gran Colisionador de Hadrones, recrear el entorno que se habría producido inmediatamente después del Big Bang.

Inicialmente, en el universo recién nacido tan solo había energía. Pero, en ese primer segundo, las temperaturas eran lo suficientemente altas como para que parte de dicha energía se convirtiese en materia. Así se formaron los protones, los neutrones y los electrones —los elementos de los que están hechos los átomos—. Sin embargo, después de tan solo un segundo de expansión, el universo se enfrió ligeramente, por lo que no se pudieron formar nuevas partículas de este modo.

Entonces, algunos de los protones y los neutrones se unieron para formar unas partículas llamadas *deuterones* (un tipo de núcleo de hidrógeno). A los tres minutos de edad, el universo estaba lo suficientemente caliente como para que pudiese producirse la fusión nuclear y lo suficientemente frío como para que las partículas resultantes no saltasen por los aires. Así, algunos deuterones y protones se fusionaron para formar núcleos de átomos de helio —el mismo proceso que convierte el hidrógeno en helio en el centro del Sol (ver página 75)—. A esto los astrónomos lo llaman *nucleosíntesis*.

Sin embargo, para cuando el universo tenía veinte minutos, ya se había enfriado aún más, por lo que los procesos de fusión se detuvieron. Los cálculos realizados apuntan a que una cuarta parte del hidrógeno del universo se habría convertido en helio durante esa explosión de fusión de diecisiete minutos.

Esto conforma una de las predicciones más fundamentales de la teoría del Big Bang. Una vez que el proceso de fusión se detuvo, ya no había manera de cambiar la composición del universo. Al menos no hasta que aparecieron las estrellas, millones de años después, y produjeron un puñado de elementos más pesados. Por lo tanto, el cosmos de hoy aún debería estar constituido en su mayor parte por un 75 por ciento de hidrógeno y un 25 por ciento de helio, y eso es exactamente lo que los investigadores encuentran cuando observan el universo moderno, lo que supone un rotundo punto a favor de la teoría del Big Bang.

## ¿Dónde está toda la antimateria?

El proceso que convierte la energía en partículas se denomina *producción de pares*. Como su nombre indica, siempre se generan dos partículas: una de materia y otra de antimateria. Una partícula de antimateria es la imagen especular de una partícula normal, en el sentido de que tiene las mismas propiedades pero carga eléctrica opuesta.

Por ejemplo, la antipartícula del electrón cargado negativamente es el positrón.

La producción de pares puede crear un par partícula-antipartícula siempre que la energía sea lo suficientemente alta como para compensar a la suma de sus masas según la famosa ecuación $E = mc^2$ de Einstein. Por eso, según la teoría del Big Bang, la producción de pares se detuvo cuando el universo tan solo tenía un segundo de edad. Si bien seguía estando excepcionalmente caliente, se había enfriado lo suficiente como para que la energía disponible no pudiese compensar las masas de ningún nuevo par partícula-antipartícula.

Lo contrario de la producción de pares es la *aniquilación*, que es el proceso por el cual una partícula y su antipartícula se encuentran y vuelven a convertirse en energía. Puesto que la producción de pares debería crear cantidades iguales de materia y de antimateria, en los 13.800 millones de años que han transcurrido desde el Big Bang, toda la materia debería haberse aniquilado con la antimateria, dejando una vez más un universo en el que tan solo hubiese energía. Sin embargo, eso no es lo que ha sucedido. Hay un montón de materia en el universo: estrellas, planetas, personas... Los astrónomos creen que por cada 1.000 millones de partículas de antimateria creadas originalmente aparecieron 1.000 millones y una partículas de materia. Después, la antimateria desapareció al unirse a casi toda la materia. Todo lo que vemos a nuestro alrededor estaría hecho a partir de ese minúsculo excedente de partículas de materia que no fueron destruidas. A qué se debe que el universo tenga esta ligera inclinación por la materia y no por la antimateria es una de las grandes cuestiones de la física que siguen sin respuesta.

## La «re»-combinación

Según la teoría del Big Bang, el proceso de fusión se detuvo una vez que el universo había convertido el 25 por ciento de su hidrógeno en helio. En ese momento tan solo tenía veinte minutos de edad. Pero después no hubo demasiada actividad durante mucho tiempo: en concreto, en los siguientes 380.000 años. El universo era un mar de energía, electrones, protones (núcleos de hidrógeno) y núcleos de helio, que seguía expandiéndose y enfriándose.

Como vimos en el capítulo 5, ver objetos en el universo profundo es lo mismo que ver atrás en el tiempo, pero nuestra visión está bloqueada si tratamos de mirar hacia atrás a distancias equivalentes a los primeros 380.000 años del universo. Por aquel entonces, el mar de partículas era tan denso que ni siquiera la luz podía escapar. Es como tratar de ver a través de la niebla.

Sin embargo, según la teoría del Big Bang, llegó un momento en que el universo se había expandido y enfriado lo suficiente como para que los protones y los núcleos de helio pudiesen atrapar algunos de los electrones que pasaban por ahí y así formar átomos por primera vez. Esto habría liberado bastante espacio, lo que habría hecho posible que, de pronto, la luz pudiese precipitarse hacia el exterior. Los astrónomos denominan a este acontecimiento *recombinación*, pero se trata de un término terriblemente inapropiado, pues los electrones y los núcleos nunca se habían combinado antes.

En todo caso, si el Big Bang realmente ocurrió, la luz liberada en el momento de la recombinación debería haber inundado el universo. Como es lógico, en 13.800 millones de años habría perdido mucha energía, pero aún debería estar ahí. Esta reliquia de radiación es una de las predicciones clave de la teoría del Big Bang, pues dicha radiación no existiría en un universo en estado estacionario. Así pues, averiguar si realmente existe o no, era crucial para poder decidir entre los dos modelos.

## El fondo cósmico de microondas

En 1964, los astrónomos estadounidenses Arno Penzias y Robert Wilson estaban trabajando con la antena en forma de bocina instalada en Holmdel, Nueva Jersey, que se había construido para captar ondas de radio reflejadas por algunos de los primeros satélites de comunicación que se lanzaron al espacio. Estas señales eran increíblemente débiles, por lo que Penzias y Wilson estaban calibrando la antena para tratar de eliminar cualquier ruido de fondo más intenso que eclipsase la señal, incluyendo las transmisiones de radio locales. Sin embargo, a pesar de haber eliminado todas las señales que se les ocurrieron, la antena seguía detectando un zumbido silencioso. Independientemente de hacia dónde apuntasen la antena, la señal seguía apareciendo. Parecía provenir de todas partes y, además, estaba presente todo el tiempo. Al principio pensaron que la interferencia podría deberse a los excrementos de las palomas que entraban en la bocina de la antena (se referían eufemísticamente a sus deposiciones como *material dieléctrico blanco*). Posteriormente, sacaron a las palomas y limpiaron meticulosamente todos los instrumentos, pero el ruido seguía apareciendo.

Mientras tanto, en la Universidad de Princeton, justo un poco más abajo en esa misma calle, un equipo dirigido por Robert Dicke estaba tratando de encontrar los vestigios de la radiación que se suponía que tendría que haber dejado la recombinación que se produjo 380.000 años después del Big Bang. Cuando Dicke supo del zumbido detectado por Penzias y Wilson, pronunció su famosa frase: «Muchachos, se nos han adelantado». Ahora llamamos a esta radiación *fondo cósmico de microondas* (también conocido como CMB, siglas en inglés de Cosmic Microwave Background). Se descubrió de forma completamente accidental, pero supuso un golpe del que el modelo del estado estacionario ya nunca se recuperaría. El CMB es una prueba incontestable de que el universo comenzó su existencia como un punto extremadamente pequeño y caliente.

Para cuando se produjo la liberación del CMB, la expansión ya había enfriado el universo hasta unos 3.000 K (2.727 grados centígrados). Esa temperatura es similar a la de la superficie de las estrellas enanas rojas, por lo que la luz liberada originalmente por el proceso de recombinación habría sido rojiza. Sin embargo, la continua expansión del universo durante más de 13.000 millones de años ha provocado que dicha luz se expanda hasta alcanzar longitudes de onda que quedan muy lejos de la capacidad de visión de los humanos. Por eso, hoy en día la detectamos en las regiones del espectro electromagnético que corresponden a las microondas y a las ondas de radio. Ahora su temperatura es de solo 2,7 K (-270 grados centígrados).

Pero para captar el resplandor tardío del Big Bang no hace falta disponer de una enorme antena de bocina. En los antiguos televisores analógicos aparece una especie de ruido blanco cuando se sintoniza entre canales. Del mismo modo, en las radios analógicas también se escucha como un crepitar al sintonizar entre distintas emisoras. El 1 por ciento de esa interferencia proviene del CMB, así que lo que captamos con estos aparatos es la luz más antigua del universo, el eco del Big Bang, desplazado a frecuencias más bajas debido a su expansión.

El CMB es una prueba irrefutable de que nuestro universo comenzó siendo un diminuto punto extremadamente caliente.

## Los cuásares

El año anterior al descubrimiento del fondo cósmico de microondas, Maarten Schmidt descubrió el primer cuásar. Estos objetos son los núcleos extremadamente brillantes de las galaxias (ver página 240). Desde entonces, los astrónomos han encontrado más de 200.000, y casi todos ellos parecen encontrarse en el universo profundo.

El hecho de que el universo primitivo contuviese gran cantidad de cuásares pero que no estén presentes hoy en nuestro universo local, es un indicativo de que el cosmos ha evolucionado con el tiempo. Dicho de otro modo, no puede haber permanecido en un estado estacionario. Tampoco encontramos estrellas mayores de 13.800 millones de años (el momento en el que creemos que se produjo el Big Bang).

# ¿DÓNDE SE ENCUENTRA EL CENTRO DEL UNIVERSO?

Esta es una pregunta muy común. La gente suele asumir que nosotros debemos estar en el centro porque vemos galaxias alejándose en todas las direcciones, pero en realidad los habitantes del resto de galaxias también podrían decir lo mismo. En la página 245 comparamos las galaxias con las pasas de una masa de repostería que se expande. Si nos ponemos en el lugar de cualquiera de estas pasas, veríamos como todas las demás se alejarían de nosotros. Pero, como es obvio, no es posible que todas las galaxias ocupen la posición central.

A los astrónomos se les suele pedir que señalen exactamente el lugar en el que se produjo el Big Bang, pero eso no es posible. Quizá debido a que el Big Bang se compara a menudo con una explosión, la gente tiende a imaginárselo como una bomba que estalla. Si una bomba explota en una habitación, podemos usar los escombros que produce la detonación para determinar dónde se encontraba la bomba. En el caso del universo, la diferencia es que el propio espacio se creó con el Big Bang. Imagina que la explosión de la bomba es la que crea la habitación y luego pregúntate en qué parte de la habitación explotó.

Elige cualquier punto del universo e imagina dónde se encontraba cuando se produjo el Big Bang. La respuesta es que, sencillamente, era parte de la explosión. Por eso los astrónomos dicen que el Big Bang se produjo a la vez en todas partes.

Los cuásares constituyen uno de los cuatro pilares fundamentales de la teoría del Big Bang, que son:

- La expansión del universo
- La nucleosíntesis (75 por ciento de hidrógeno / 25 por ciento de helio)
- El fondo cósmico de microondas
- La distribución de los cuásares

## Los puntos débiles de la teoría del Big Bang

El Big Bang es, de lejos, la mejor teoría que tenemos para explicar de dónde vino el universo. Todas las evidencias encontradas apuntan a un inicio diminuto y extremadamente caliente. Sin embargo, también presenta algunos problemas que están pendientes de resolver.

### ¿Cómo puede algo surgir de la nada?

En la versión original de la teoría del Big Bang, el universo comienza su existencia como una singularidad, ese punto infinitamente pequeño e infinitamente denso que predice la teoría de la relatividad general de Einstein. «Infinitamente pequeño» quiere decir que no tiene tamaño en absoluto, que, literalmente, no era nada. Pero ¿cómo puede surgir algo a partir de nada?

Lo que ocurre es que probablemente las singularidades no sean una característica real del universo. Son más bien como una deslumbrante señal de neón que nos recuerda que aún no conocemos demasiado bien la física de lo que ocurrió. Como vimos en el capítulo 4, los físicos están tratando de combinar la histórica teoría de Einstein con la física cuántica para crear una teoría de todo mucho más completa (ver página 187).

Por ahora ya sabemos que, efectivamente, en el mundo cuántico algo puede surgir a partir de nada. Incluso en un vacío perfecto, la energía se convierte en pares de partículas que rápidamente vuelven a desaparecer. Los físicos las llaman *partículas virtuales*, y se trata de las mismas partículas que componen la radiación de Hawking producida por los agujeros negros (ver página 186). Una teoría de todo podría mostrarnos que la estructura del espacio-tiempo de Einstein no es continua, sino que está compuesta por una serie de burbujas. Si así fuera, dicha burbujas podrían aparecer y desaparecer como las partículas virtuales. Entonces sería posible que nuestro universo no hubiese aparecido de la nada, sino que surgiese a partir de una pequeña burbuja del espacio-tiempo. Casi como una singularidad, pero sin llegar a ser exactamente lo mismo.

Sin embargo, necesitaríamos encontrar la razón por la que nuestra burbuja se expandió y no desapareció, y no hay nada en el modelo original de la teoría del Big Bang que pueda dar cuenta de esto.

### *¿Qué ocurrió antes del Big Bang?*

Esta pregunta es la hermana gemela de «¿cómo puede surgir algo a partir de nada?»... El modelo original del Big Bang propone que el tiempo comenzó con la explosión de una singularidad. Así como no hay nada más al norte del polo norte, tampoco existió nada antes del primer momento en el tiempo.

Pero para la mayoría esa respuesta no resulta satisfactoria, sobre todo si se tienen en cuenta las reglas de causa y efecto habituales. Pongamos por caso que dejas caer este libro. El hecho de que golpee contra el suelo (el efecto) sucederá después de que lo hayas soltado (la causa). Estamos tan familiarizados con esta idea que si únicamente vieses el libro chocando contra el suelo darías por hecho (y harías muy bien) que, en algún momento anterior, alguien lo ha dejado caer.

Pero si el Big Bang fue el efecto, entonces ¿cuál fue su causa? Si el efecto creó el tiempo, ¿cómo pudo siquiera haber una causa previa? Con el modelo original del Big Bang no es posible hablar de un momento anterior al Big Bang.

## Los monopolos magnéticos

Según el modelo inicial de la teoría del Big Bang, el universo primigenio habría estado lo suficientemente caliente como para que pudiesen crearse monopolos magnéticos, partículas hipotéticas con un solo polo magnético. Sin embargo, los físicos jamás han detectado ni un solo monopolo magnético en ninguna parte del universo.

## Variaciones de temperatura en el fondo cósmico de microondas

Cuando la recombinación liberó la luz que ahora detectamos como el fondo cósmico de microondas, la temperatura del universo era de unos 3.000 K (2.727 grados centígrados). Sin embargo, la radiación del fondo cósmico de microondas que captamos hoy en día corresponde a una temperatura de tan solo 2,7 K, y eso es debido a que desde entonces el universo se ha expandido considerablemente (ver página 255).

Los astrónomos han mapeado con sumo detalle el fondo cósmico de microondas utilizando satélites como el WMAP o el Planck, y han detectado pequeñas variaciones de temperatura (tan mínimas que equivalen a una parte de millón). Algunas partes del fondo cósmico de microondas siempre presentan esta ligerísima variación que las hace ser más calientes o más frías que el resto. Eso significa que ciertas regiones del universo primitivo eran ligeramente más calientes o más frías cuando la radiación que ahora percibimos como el fondo cósmico de microondas fue lanzada al espacio.

Esto puede explicarse si la materia del universo primitivo no estuviese distribuida de manera uniforme. Aquellas regiones que fueran ligeramente más densas habrían sido más calientes, mientras que las más dispersas serían más frías. Eso también encajaría con la estructura que el universo presenta en la actualidad, donde grandes supercúmulos de galaxias están rodeados de inmensos supervacíos. Estas regiones dispersas se habrían dilatado debido a la expansión y acabarían dando lugar a las zonas vacías, mientras que la gravedad de las regiones más densas atraería material adicional y daría lugar a la formación de cúmulos. Sin embargo, el modelo original del Big Bang no proporciona ninguna explicación sobre cuál pudo haber sido el origen de estas pequeñas variaciones en la distribución de la materia del universo primitivo.

## *El problema del horizonte*

Dejando a un lado estas pequeñas fluctuaciones de temperatura, el fondo cósmico de microondas es increíblemente homogéneo. ¿Cómo es posible que la temperatura de fondo sea esencialmente la misma en todo el universo observable? Si abrimos una ventana en un día de invierno, el calor fluye hacia fuera hasta que el interior esté tan frío como el exterior. Un físico diría que en ese momento ambos lugares alcanzan el *equilibrio térmico*. Pero para llegar a ese estado es necesario que transcurra un cierto tiempo. Como ocurre con todo en el universo, la velocidad máxima a la que se puede intercambiar cualquier cosa entre dos ubicaciones es la velocidad de la luz. Eso nunca supondría un problema en nuestra casa, pero sí puede serlo en el espacio.

Imaginemos que observamos una zona del cielo que se encuentra a 10.000 millones de años luz de distancia en una cierta dirección y después observamos otra zona situada a la misma distancia pero justo en sentido opuesto. Como es lógico, entre un punto y otro habría una distancia de 20.000 millones de años luz. Pero el universo tan solo tiene 13.800 millones de años. Entonces, ¿cómo es posible que ambas regiones del espacio hayan tenido tiempo para alcanzar el equilibrio térmico?

Podríamos argumentar que en el pasado estuvieron mucho más juntas, pero sin haber llegado a estar nunca lo suficientemente cerca. La teoría del Big Bang nos dice lo rápido que se ha expandido el universo desde sus inicios. Para acabar estando tan separadas como están en la actualidad, estas dos regiones del espacio no pueden haberse encontrado nunca lo suficientemente cerca como para alcanzar el equilibrio térmico. Ni tan siquiera la luz podría haber viajado de una a otra o, dicho de otro modo, una siempre ha estado más allá del horizonte de la otra. Este *problema del horizonte* es una de las mayores trabas que presenta el modelo original del Big Bang.

## El problema de la planitud

La superficie de la Tierra es curva, pero para que esa curvatura sea aparente debemos alejarnos una distancia considerable de ella. Imagina que no puedes moverte de un determinado lugar y que solo puede ver a diez metros a la redonda. Llegarías a la conclusión lógica de que la Tierra es plana, aunque no lo sea.

Esa situación es similar al modo en que vemos el universo. Actualmente estamos restringidos al sistema solar y dependemos de la luz para conocer detalles sobre lo que ocurre fuera de él. Sin embargo, solo podemos percibir los objetos si su luz ha tenido tiempo de alcanzarnos. Al principio, el universo se expandió tan rápido que hay partes de él que nunca podremos ver. En consecuencia, debemos establecer una clara distinción entre el universo (todo lo que existe) y el universo *observable* (la fracción que podemos ver).

Las mediciones que se han realizado del universo observable parecen indicar que en su interior el espacio es plano (es decir, que no presenta ninguna curvatura global discernible). Hay dos posibles explicaciones para esto. La primera sería que el universo en expansión ha estirado tanto el espacio que la pequeña fracción que nosotros podemos ver parece plana, a pesar de que el universo en su totalidad sea curvo. Esto sería el equivalente a la percepción que tendríamos en nuestra pequeña área de diez metros a la redonda en la Tierra; nos parece que es plana cuando en realidad la superficie del planeta es curva. Sin embargo, según el modelo original del Big Bang, el universo no se ha estirado tanto como para que esto pudiese suceder. Así pues, o bien el Big Bang no explica todo lo ocurrido, o bien el universo en su totalidad (tanto la parte que podemos ver como la que no) es plano. Los astrónomos han calculado que la probabilidad de que esto ocurra es de una en cien billones de billones de billones de billones de billones.

## El problema del ajuste fino

La aparente planitud de nuestro universo no es lo único que resulta increíblemente improbable. Imaginemos que existiese una especie de panel de control gigante con una serie de botones, mandos y diales, cada uno de los cuales controla un aspecto del universo, como pueda ser la velocidad de la luz, la masa del electrón o la fuerza de la gravedad. Si alterásemos cualquiera de estos parámetros, aunque no fuese más que en un pequeño porcentaje, el universo en el que vivimos habría resultado muy distinto.

Tomemos por ejemplo la gravedad. Si fuese más intensa, los materiales se habrían comprimido con más fuerza en el corazón de las estrellas. Estas, a su vez, pasarían por la fase de fusión mucho más rápido, por lo que tan solo durarían meses o años, pero en ningún caso los miles de millones de años que duran ahora. En tales condiciones, la vida en la Tierra no habría tenido ni la más mínima oportunidad de aparecer. Si giramos los diales lo suficiente, las estrellas ni tan siquiera habrían llegado a formarse en absoluto. Si la gravedad fuese considerablemente más intensa de lo que es, podría haber compensado la expansión inicial del universo y hacer que todo volviese a colapsar sobre sí mismo en un «Big Crunch» («gran colapso») antes siquiera de que hubiesen prendido las primeras estrellas.

Si todos estos parámetros son aleatorios y podrían haber tomado una amplia gama de valores, ¿cómo es posible que todos los mandos se encuentren justo en el lugar perfecto para dar origen a un universo lleno de estrellas, planetas y personas? En esencia, cualquier otra configuración hubiese producido un universo vacío o directamente inexistente.

Hay varias respuestas a este *problema del ajuste fino*. Podría tratarse de una simple carambola, de pura suerte (ya se sabe, a veces suceden cosas muy poco probables). La segunda respuesta sería que algún Creador omnipotente lo diseñó de ese modo de forma deliberada, pero ninguna de estas explicaciones es satisfactoria porque no se pueden comprobar.

Sin embargo, existe una tercera solución, una idea llamada *inflación*, que tal vez podría explicar no solo el problema del ajuste fino, sino también el resto de las deficiencias que presenta la teoría del Big Bang.


# La inflación

## *La solución a los problemas de la teoría del Big Bang*

Hacia finales de la década de los setenta, muchas de las lagunas que presentaba la hipótesis del Big Bang ya eran más que evidentes. Estaba claro que se había producido alguna clase de Big Bang, pues las evidencias del fondo cósmico de microondas, la nucleosíntesis y los cuásares eran demasiado difíciles de ignorar. Sin embargo, algo estaba fallando.

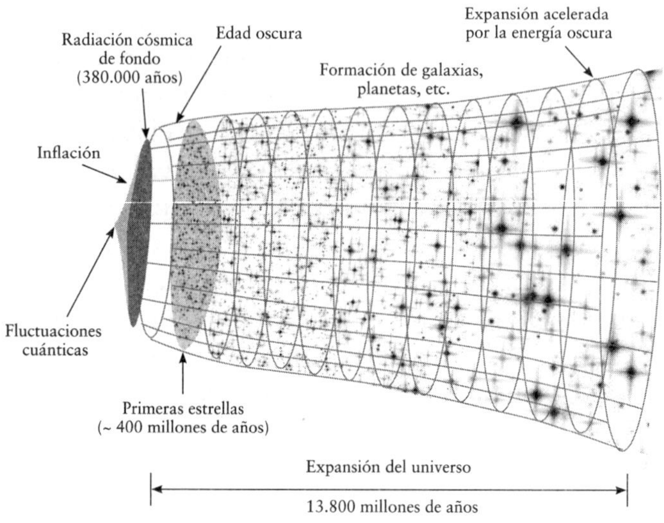


El mejor modelo del que disponemos por ahora de la historia del universo, desde el período inicial de inflación hasta la era actual dominada por la energía oscura.

En 1979 y durante los primeros años de la década de los ochenta, los físicos Alan Guth, Andréi Linde y Paul Steinhardt idearon una forma de modificar la idea del Big Bang ligeramente, pero manteniendo sus puntos fuertes. Su propuesta, denominada *inflación* (o *teoría inflacionaria*), se basa en una premisa muy simple: que en los primeros momentos, el universo experimentó un período de expansión mucho más rápida que cualquier otra cosa que viniese después. Podemos imaginarlo como la expansión original prevista por Hubble, pero «a lo bestia». En la primera billonésima parte de una billonésima de billonésima de segundo, el universo pasó de ser mucho más pequeño que un átomo a tener aproximadamente el tamaño de un pomelo. Puede que no parezca mucho, pero estamos hablando de un factor de escala que equivale a un 1 seguido de 78 ceros. Si aplicásemos esa misma escala en un glóbulo rojo, acabaría siendo un billón de billones de billones de veces más grande que el universo observable.

Ahora analicemos uno por uno los problemas que presenta la teoría del Big Bang y veamos cómo la adición de un período inflacionario inicial de rápida expansión puede ayudar a resolverlos.


### ¿Cómo puede surgir algo a partir de nada?

Cuando consideramos esta cuestión en la página 258, dijimos que tal vez el universo no surgió de la nada, sino de una burbuja cuántica formada en el espacio-tiempo. Sin embargo, necesitábamos encontrar una razón por la cual esa burbuja no desapareció nuevamente. Según la teoría inflacionaria, dicha burbuja podría haber sobrevivido si hubiese sufrido un período de rápida expansión similar a la inflación.


### ¿Qué ocurrió antes del Big Bang?

La concepción que tenemos hoy por hoy del Big Bang deriva de observar la velocidad a la que se está expandiendo el espacio y, a partir de ahí, inferir cuándo comenzó la expansión. Estrictamente hablando, esa expansión (es decir, la parte que se atiene a lo establecido por la ley de Hubble) empezó después de que la inflación hubiese terminado. Así pues, la inflación es lo que sucedió antes del Big Bang. Muchos teóricos arguyen que no es necesario recurrir a la existencia de una singularidad anterior a la inflación, sobre todo si verdaderamente existe una teoría de todo. Lo que fuese que estaba ahí presente antes de que una de sus partes se inflase bien podría haber estado también ahí por siempre.

## *Los monopolos magnéticos*

Un período de inflación habría disparado los monopolos magnéticos mucho más lejos de lo que sugiere el modelo original del Big Bang. Ahora ya estarían tan dispersos que sería lógico que nunca hayamos encontrado ninguno.

## *Variaciones de temperatura en el fondo cósmico de microondas*

Sabemos que en las escalas más pequeñas siempre hay partículas virtuales que aparecen y desaparecen de la existencia (ver página 186). Estas fluctuaciones cuánticas causan cambios temporales en la cantidad de energía en cualquier punto dado del espacio. Durante la inflación se habrían amplificado hasta alcanzar escalas astronómicas, lo que causaría que hubiese zonas del nuevo universo con mayor o menor energía que la media.

Eso explicaría por qué encontramos pequeñas variaciones de temperatura en el fondo cósmico de microondas. En sus ensayos, los físicos logran una gran coincidencia cuando comparan el tamaño esperado de las fluctuaciones cuánticas de la inflación con el tamaño de las variaciones de temperatura del fondo cósmico de microondas. Como hemos visto, dichas variaciones se convirtieron en las semillas en torno a las cuales más adelante se formarían supercúmulos y supervacíos (ver página 261). Por tanto, la inflación también explicaría por qué la estructura del universo actual es como es.

## El problema del horizonte

La inflación hizo que el universo se expandiese mucho más rápido al principio de lo que sugería el modelo original del Big Bang. Eso significa que dos zonas del espacio podrían haber estado mucho más juntas en un primer momento y, aun así, estar tan separadas como aparecen en la actualidad. Si todos los puntos del espacio estuvieron mucho más cerca antes de la inflación, podrían haber alcanzado el equilibrio térmico antes de salir despedidos y disgregarse.

## El problema de la planitud

Una solución al problema de la planitud es que el espacio se estiró tanto al principio que ahora el universo observable nos parece plano, a pesar de que el universo en su totalidad pueda tener cierta curvatura (del mismo modo que la Tierra parece plana si solo vemos un área pequeña).

Pero dijimos que el Big Bang por sí solo no podría haber estirado el universo lo suficiente como para que eso fuese posible (ver página 264). No obstante, la idea cobra más sentido si hubiera habido un período de inflación que causara una cantidad mayor expansión de lo que habíamos considerado anteriormente, pues dicha inflación habría suavizado cualquier curvatura en el universo observable.

## El ajuste fino y la inflación eterna

Con lo visto hasta ahora solo nos queda por abordar el problema del ajuste fino, y para eso necesitamos considerar la idea de la *inflación eterna*.

La inflación nos ofrece una solución atractiva para los principales puntos flacos de la teoría del Big Bang. Sin embargo, para poder afirmar que este período de rápida expansión realmente tuvo lugar, tenemos que explicar de algún modo por qué se infló y cómo se transformó en el universo descrito por el Big Bang.

Para lograr este objetivo, los teóricos de la inflación apelan a la existencia de un campo inflacionario. En física, un campo es una región sobre la cual opera una fuerza. Por ejemplo, la Tierra presenta un campo gravitacional cuya intensidad varía sobre la superficie de la Tierra: es más fuerte en zonas montañosas y más débil en los valles. Los físicos creen que el campo inflacionario también varía, de modo que la inflación se produciría en zonas en las que dicho campo es intenso, mientras que se detendría en aquellas otras en las que el campo fuese débil. Cuando la inflación se detiene, la energía encerrada en el campo inflacionario se convierte en materia y radiación, es decir, se produce un Big Bang.

Sin embargo, la única manera en que los teóricos pueden lograr que la energía del campo inflacionario se convierta de forma clara en algo parecido al Big Bang es asumiendo que dicha transformación no se produjo de una sola vez. Cada vez que parte de dicha energía se transformase, produciría otro Big Bang, creándose así una nueva región de espacio aislado mientras que la inflación continuaría en otro lugar. Esta es la idea de la *inflación eterna*, y sus consecuencias e implicaciones son muy profundas.

Múltiples Big Bang significan múltiples universos. Según la teoría de la inflación, debería existir un número casi infinito (tal vez incluso realmente infinito) de universos. Las leyes de la física, las masas de las partículas y la intensidad de los distintos tipos de fuerzas serían diferentes en cada uno de estos universos, dependiendo de la forma exacta en que realizó la transición del campo inflacionario al Big Bang. Eso sería el equivalente a que los botones, mandos y diales del panel de control de cada universo estuviesen ajustados de un modo ligeramente distinto (ver página 264).

Si creemos que nuestro universo es el único, entonces, por supuesto que resulta sorprendente que su panel de control esté perfectamente ajustado para nuestra existencia. Incluso podríamos fantasear con la existencia de un Creador. Pero si de pronto comprendemos que nuestro universo no es más que uno entre muchos, ¿en cuál apareceríamos nosotros? No vamos a aparecer en un universo cuya configuración implique la imposibilidad de nuestra existencia, en el que no se puedan formar estrellas ni planetas. No, solo podemos estar ahí donde los distintos mandos del panel están ajustados en los valores adecuados. La inflación eterna resuelve el problema del ajuste fino proponiendo la existencia de un multiverso inflacionario infinito en el que habría universos con todas las configuraciones posibles. En alguno de ellos, los mandos han de estar en su valor «correcto», y nosotros no podemos aparecer más que ahí.

## El multiverso

Hace falta un cierto tiempo para familiarizarse con la idea del multiverso. Vendría a ser como un caleidoscopio de posibilidades en el que todo lo que puede suceder sucede en algún lugar. Si el multiverso es infinito, entonces todas las posibilidades suceden, y no solo una vez, sino un número infinito de veces.

Para entender por qué esto tendría que ser así, imagina que lanzas seis dados. ¿Cuál es la probabilidad de sacar 1, 2, 3, 4, 5, 6? La respuesta es un 1,5 por ciento. Así pues, en promedio, este patrón debería aparecer tres veces cada doscientos lanzamientos. Cuantas más veces lancemos los dados, más veces veremos ese mismo patrón.

Con el multiverso ocurre exactamente lo mismo. Cada vez que el campo inflacionario se transforma en un Big Bang, es como si volviésemos a lanzar los dados. Si tiramos los dados un número suficiente de veces, lo más probable es que se repita el mismo patrón (es decir, el mismo universo), y si los lanzamos un número infinito de veces es seguro que así será.

Si viajásemos a través de un multiverso infinito, llegaría un momento en que nos encontraríamos con otro universo en el que todos y cada uno de sus átomos estarían dispuestos en un patrón idéntico a este. Eso incluye desde los átomos de mis dedos (los cuales han tecleado estas palabras porque, de niño, unos titilantes y brillantes átomos del cielo me inspiraron y me llevaron a estudiar astronomía) hasta los átomos de tus ojos que ahora mismo están percibiendo la luz que se refleja en esta página. Dicho de otro modo, en alguna otra parte del multiverso estás haciendo exactamente lo mismo. La escena se repite tal y como es.

¿Dónde queda nuestra capacidad de elección si resulta que existen millones de otros «tús» en un millón de universos que toman exactamente las mismas decisiones, y también un millón de otros «casi-tús» que toman decisiones completamente diferentes? Hay universos ahí fuera en los que eres el presidente de Estados Unidos, y otros en los que Washington se sigue gobernando desde Inglaterra. En otros, nuestros seres queridos fallecidos siguen vivos y están perfectamente bien. En algunos tienes la cabeza de un pollo y el marsupio de un canguro. En un multiverso infinito, está garantizada la aparición de todas las configuraciones posibles de átomos un número infinito de veces.

## Evidencias de la inflación

Los universos múltiples parecen una consecuencia natural de la inflación eterna, que, a su vez, parece ayudar a explicar las características de nuestro universo y mejorar la teoría del Big Bang. Sin embargo, hoy por hoy no tenemos ninguna evidencia de que la inflación —eterna o no— haya tenido lugar realmente. De hecho, Paul Steinhardt, uno de los padres de la teoría, le ha dado la espalda y desde entonces ha criticado abiertamente la hipótesis de los multiversos.

No obstante, muchos otros investigadores creen que es posible encontrar evidencias de la inflación. De hecho, en 2014, un equipo de científicos fue noticia en todo el mundo al afirmar que habían encontrado una prueba que lo demostraría de forma concluyente. El resultado provino del experimento BICEP2, ubicado en la estación Amundsen-Scott del polo sur, en la Antártida, y cuyo objetivo era analizar de nuevo el fondo cósmico de microondas.

Se cree que una expansión tan rápida como la inflación habría enviado ondas gravitacionales a través del universo primigenio. Es posible que algún día detectemos estas ondas gravitacionales primordiales, pero ahora, después de más de 13.000 millones de años, serían diminutas, demasiado pequeñas para que los detectores de ondas gravitacionales actuales puedan registrarlas. Sin embargo, el fondo cósmico de microondas podría salir en nuestra ayuda, ya que nos ofrece una instantánea de cómo era el universo cuando tenía tan solo 380.000 años de antigüedad. Si condensásemos la edad actual del universo y la redujésemos a 40 años, el fondo cósmico de microondas sería una imagen fija del mismo siendo un bebé de 10 horas de vida. Cualquier onda gravitacional primordial que hubiese estado presente cuando se liberó el fondo cósmico de microondas debería haber dejado alguna huella delatora en su luz. En marzo de 2014, el equipo del BICEP2 le hizo saber al mundo entero que habían encontrado dichas huellas.

El problema es que en la actualidad la gran mayoría de los astrónomos piensan que en realidad esas pruebas no se encontraron. Las dudas empezaron a aparecer muy pronto, ya que el equipo que estaba detrás del satélite Planck

# EL PUNTO FRÍO DEL FONDO CÓSMICO DE MICROONDAS

Que aún no hayamos descubierto ondas gravitacionales primordiales no ha impedido que algunos científicos afirmen que ya han encontrado evidencias de la existencia de otros universos. Todo tiene que ver con una zona inusualmente fría del fondo cósmico de microondas. Descubierta por el satélite WMAP en 2004, y detectada también posteriormente, en 2013, por el satélite Planck, se trata de una zona que está 140 millonésimas de grado más fría que la temperatura promedio del fondo cósmico de microondas (2,7 K), lo cual supone una diferencia mucho mayor que las variaciones habituales de temperatura pero, al mismo tiempo, es demasiado grande como para haber sido causada por una fluctuación cuántica amplificada por la inflación.

Tal vez la luz de esa región del fondo cósmico de microondas haya viajado a través de un supervacío particularmente grande (una zona con muchas menos galaxias que la media universal). Al haber perdido energía en su recorrido, ahora la veríamos más fría. Sin embargo, una inspección exhaustiva de 7.000 galaxias llevada a cabo en 2017 reveló que tal vacío no existía.

Otros astrónomos defienden que el punto frío es evidencia del efecto que otro universo está causando sobre el nuestro. Durante la inflación eterna podríamos haber «tropezado» con algún otro universo burbuja vecino que podría haber dejado una «abolladura» en el fondo cósmico de microondas. Por el momento, esta idea sigue siendo muy controvertida.

argumentó que el mismo efecto podría haberse generado mucho más tarde, cuando la luz del fondo cósmico de microondas pasó a través del polvo de la Vía Láctea. Así es que, por ahora, los astrónomos siguen buscando la primera evidencia fiable de la inflación.

La debacle provocada por el BICEP2 tuvo lugar dieciocho meses antes de que el experimento LIGO descubriese por primera vez —en septiembre de 2015 (ver página 180)— las ondas gravitacionales producidas por la colisión de dos agujeros negros. El LIGO no es lo suficientemente sensible como para detectar ondas gravitacionales primordiales, pero ahora que por fin se ha confirmado la existencia de dichas ondas, es probable que haya prisa por construir detectores más grandes y mejores. Quién sabe, puede que algún día estas máquinas nos muestren el camino hacia el multiverso.

## Las fronteras del universo

### *Los márgenes del universo*

Todavía no está claro si nuestro universo es el único que existe o si forma parte de un multiverso inflacionario infinito. Si solo existe el nuestro, ¿termina en algún lugar? Y si hay muchos, ¿dónde acaba el nuestro y empieza el siguiente? ¿Existe algún límite o frontera en la que nuestro universo concluya?

Ciertamente hay un límite en lo que podemos ver. La luz del fondo cósmico de microondas proviene de los límites del universo observable (fue la primera luz capaz de escapar de la densa niebla de partículas del universo primitivo) y define nuestro horizonte cósmico, que viene a ser similar al horizonte que vemos en la Tierra. Si sales de tu casa y miras a lo lejos, solo puedes ver hasta una cierta distancia; sin embargo, sabes que la Tierra no acaba en el horizonte. Del mismo modo, los astrónomos tampoco creen que el universo termine en nuestro horizonte cósmico.

En la mayoría de los modelos que proponen un único universo, este se extiende de forma ininterrumpida; se trata de un cosmos infinitamente grande, sin frontera ni límite alguno. Algo que solemos preguntarnos es: «Si el universo está en expansión, ¿en qué o dentro de qué se está expandiendo?». Pero si nuestro universo es el único que existe, entonces, por definición, contiene todo lo que existe. Si de algún modo hubiese algo más allá del universo, entonces existiría y, en consecuencia, formaría parte del universo. Sabemos que el universo no se está expandiendo (es decir, no en el sentido de que las galaxias se estén desplazando hacia fuera a través del espacio hasta ocupar un espacio previamente vacío), sino que en realidad es el propio espacio que hay entre las galaxias el que se está expandiendo (ver página 245).

Si nuestro universo es parte de un vasto multiverso, entonces todos los universos individuales formarían también parte de una estructura más amplia. Laura Mersini-Houghton, la física que cree que el punto frío del fondo cósmico de microondas es una «abolladura» producida por otro universo, ha calculado la distancia a la que se encontraría ahora el universo más próximo a nosotros. Su respuesta es que estaría al menos mil veces más lejos que nuestro horizonte cósmico actual.

## *El destino del universo*

¿Qué destino le espera al cosmos? La respuesta depende de cuánta materia contiene.

Nuestro universo se ha estado expandiendo desde el Big Bang. Las galaxias se han ido separando a medida que el espacio entre ellas se ensanchaba, pero las galaxias también ejercen una fuerza de atracción gravitacional entre ellas. Si hay suficiente materia y materia oscura en el universo, llegará un momento en que su gravedad total anulará la expansión y empezará a acercar nuevamente a las galaxias. En ese caso, el universo colapsará en un «Big Crunch» (un «gran colapso»). Por el contrario, si no hay suficiente materia en el universo, la expansión continuará e irá disminuyendo gradualmente, pero sin llegar nunca a detenerse. La tercera posibilidad es que el universo contenga justo la cantidad de masa suficiente como para detener la expansión, pero no la suficiente como para provocar un colapso.

Los tres escenarios tienen una cosa en común: que, de ser ciertos, en la actualidad la expansión del universo debería de estar disminuyendo. A mediados de la década de los noventa, dos equipos de astrónomos estaban trabajando en proyectos para determinar cómo ha ido variando exactamente la tasa de expansión del universo con el tiempo.

Como vimos en el capítulo 5, ver objetos lejanos equivale a mirar atrás en el tiempo. La luz es como una postal que nos trae información del pasado (ver página 241). Cuanto más lejos está una galaxia, más atrás en el tiempo se encuentra. Así pues, midiendo la velocidad de galaxias lejanas podemos determinar la velocidad a la que se expandió el universo mucho tiempo atrás y comparar ese valor con la velocidad de expansión actual. Si el universo se está ralentizando, la expansión debería haber sido más rápida en el pasado. Sin embargo, para saber qué punto de la historia del universo representa cada galaxia lejana, necesitamos medir con precisión la distancia a la que se encuentran. Los métodos que se usan habitualmente para determinar distancias —el paralaje y las cefeidas variables— no se pueden aplicar a lugares tan remotos (ver página 229). Por tanto, estos dos equipos de astrónomos necesitaban recurrir a una candela estándar nueva y mucho más brillante que las anteriores: las supernovas de tipo Ia.

## Las supernovas de tipo Ia

Nuestro Sol es una estrella solitaria, y eso es poco habitual. La mayoría de las estrellas se presentan en pares, como los soles gemelos del planeta Kepler-16b (ver página 198). Imaginemos una situación en la que una de las dos estrellas muere y se convierte en una enana blanca, tal como lo hará nuestro Sol en algún momento del futuro. Este núcleo de gran densidad ejerce una gran fuerza de atracción gravitacional, por lo que comienza a arrancar gas de su compañera. A medida que va tragando más y más materia, la enana blanca se va volviendo cada vez más pesada.

Sin embargo, hay un límite en la cantidad de materia que puede consumir una enana blanca. Se conoce con el nombre de límite de *Chandrasekhar*, y fue calculado por el astrofísico indio Subrahmanyan Chandrasekhar cuando tenía tan solo diecinueve años. En 1930, como parte de su viaje a Cambridge, cogió un barco que le llevó desde el puerto indio de Madrás hasta la ciudad italiana de Génova. Durante aquel viaje de tres semanas, calculó que la masa de una enana blanca nunca puede exceder el equivalente a 1,4 soles. Cuando se acerca a este límite se vuelve inestable y explota violentamente en forma de una supernova catastrófica. Este tipo de eventos se denominan *supernovas de tipo Ia*, para distinguirlas de las explosiones que se producen cuando el núcleo de una gran estrella colapsa al final de su vida (lo cual sería una supernova de tipo II; ver página 173). Son las candelas estándar perfectas. No solo son excepcionalmente brillantes, lo que significa que se pueden ver a distancias equivalentes a medio universo, sino que además siempre tienen un brillo inherente similar. Cuando una de estas supernovas estalla, lo hace con una energía equivalente a aproximadamente el combustible de 1,4 soles. Una cantidad fija de combustible significa que todas las supernovas de tipo Ia presentan la misma luminosidad.

La supernova de tipo Ia conocida como SN 1994D explotando en la galaxia NGC 4526. Nótese cómo una explosión solitaria puede llegar a brillar con la misma intensidad que el agitado núcleo de una galaxia entera.

Para calcular la distancia que nos separa de la galaxia en la que ha estallado lo único que tenemos que hacer es comparar la luminosidad con la que aparece en el cielo con el brillo que debería tener (es decir, ver la relación que hay entre su magnitud aparente y su magnitud absoluta). Cuanto mayor sea la diferencia, mayor será la cantidad de luz que se habrá desvanecido durante su viaje hasta la Tierra y, por consiguiente, más lejos se hallará.

En 1998, los dos equipos de investigadores que estaban tratando de dilucidar la historia de la expansión del universo publicaron los resultados que obtuvieron basándose en mediciones de supernovas de tipo Ia. Para asombro de todos, descubrieron que la expansión del universo parece ser cada vez más rápida. En 2011, tres de los científicos que participaron en este descubrimiento recibieron el Premio Nobel de Física.

## La energía oscura

Parece ser que tras el Big Bang, en un primer momento, la tasa de expansión del universo disminuyó —tal como cabría esperar—, pero hace unos 6.000 millones de años, de repente empezó a aumentar de nuevo. Es algo que nadie previó y que hoy en día sigue desconcertando a los astrónomos.

Todo parece indicar que algo contrarresta a la gravedad y empuja a las galaxias, haciendo que se separen unas de otras. La influencia de esta misteriosa entidad debe de haber sido bastante insignificante en el universo temprano, pero su influencia aumentó a medida que el cosmos fue teniendo más edad. Llamamos a esta enigmática energía antigravitatoria *energía oscura* (siguiendo la misma línea del nombre dado a la materia invisible que se cree aglutina a las galaxias, la *materia oscura*; ver página 216). Los astrónomos creen que actualmente el universo está formado por un 68 por ciento de energía oscura y un 27 por ciento de materia oscura. Los átomos que componen la materia ordinaria (la materia de la que tú y yo estamos hechos) tan solo suponen el 5 por ciento.

Se le ha dado el nombre de *energía oscura* simplemente por llamarlo de alguna manera, pues en realidad sabemos aún menos sobre ella que sobre la materia oscura. La principal idea subyacente es algo llamado *energía del vacío*, un concepto que ya hemos mencionado en varias ocasiones. El espacio vacío nunca está verdaderamente vacío; siempre hay partículas virtuales que aparecen y desaparecen (ver página 186). La cantidad promedio de esta energía del vacío en una región determinada del espacio es siempre la misma. En el universo primigenio, la separación entre galaxias era pequeña, por lo que no había demasiada energía del vacío, pero el impulso que supuso el Big Bang hizo que el espacio intergaláctico se expandiese con el tiempo. Más espacio equivale a más energía del vacío. Llegado cierto punto, había tanto espacio que la fuerza repulsiva de la energía del vacío venció a la atracción gravitatoria —cada vez menos intensa—, por lo que el universo empezó a acelerarse.

Puede que este modelo parezca claro e impecable, pero lo cierto es que presenta algunas lagunas enormes. Según la física cuántica, la cantidad de energía en el vacío debería ser $10^{120}$ veces mayor de la observada experimentalmente. ¡Nada más y nada menos que un 1 seguido de 120 ceros! Si la energía oscura solo estuviese compuesta por energía del vacío, ya haría mucho tiempo que el universo habría sido destruido. Este es otro ejemplo que nos muestra un desacuerdo fundamental entre los postulados de la física cuántica y los de la relatividad general. Así pues, es posible que tengamos que esperar a que aparezca una teoría de todo para contar con las herramientas necesarias para comprender la energía oscura.

## El Big Rip

Si la energía oscura está acelerando la expansión del universo, entonces todas las consecuencias que vimos en la página 278 quedan descartadas. De ser así, lo que ocurrirá es que el espacio seguirá expandiéndose a una velocidad cada vez mayor. Más espacio significará más energía oscura, lo que conducirá a una expansión todavía más acelerada, por lo que entraríamos en un círculo vicioso desbocado.

En este proceso, llegará un cierto punto en el que el espacio que separa a las estrellas se habrá dilatado tanto que su efecto será mayor que el de las fuerzas adhesivas de la materia oscura, por lo que las galaxias quedarán muy lejos unas de otras. Después también el espacio que hay entre las estrellas y sus planetas acabará volviéndose inmenso, y los sistemas solares se desmembrarán bajo la fuerza expansiva.

La gravedad es, con mucho, la fuerza más débil de cuantas existen, por lo que estos sistemas gravitacionalmente unidos serán los primeros en caer. La siguiente de la lista será la fuerza electromagnética que mantiene a los electrones unidos al núcleo de los átomos; llegará un momento en el que la expansión del espacio que media entre los electrones y el núcleo superará a dicha fuerza, por lo que las partículas que forman los átomos también se disgregarán. Finalmente, ni tan siquiera las fortísimas fuerzas nucleares que mantienen unidos a protones y neutrones en el núcleo podrán detener la marea creciente de energía oscura.

El resultado será que absolutamente todo en el universo quedará pulverizado. Nos referimos a este acontecimiento como el Big Rip («la gran defunción»). No quedarían ni galaxias, ni estrellas, ni planetas, ni átomos. Tan solo un inmenso y vacío océano de nada. Los cálculos realizados en este sentido sugieren que nuestro universo morirá dentro de unos 22.000 millones de años.

# Conclusión

*La visión de las estrellas siempre me hace soñar.*

Vincent Van Gogh (1888)

Nada dura para siempre. El hecho de que estemos aquí, en medio de la existencia de este universo, y podamos reflexionar sobre sus mayores misterios es un privilegio por el que deberíamos sentirnos sumamente agradecidos.

La humanidad está embarcada en un viaje astronómico realmente asombroso. Al principio creíamos que éramos el centro de todo y que el Sol y las estrellas se inclinaban ante nuestra grandiosa presencia. Entonces comenzamos a aplicar la lógica y el razonamiento, lo que nos relegó a ser tan solo un planeta más que gira en torno a una estrella más de una galaxia como muchas otras, ubicada en un pequeño rincón de un universo colosal. Un universo que muy bien podría no ser más que uno en una extensión infinita de otros universos en la que está teniendo lugar cualquier situación y cualquier escenario que podamos concebir.

Descubrimientos así ya constituyen por sí mismos una enorme recompensa, pero hay quien se pregunta por qué nos molestamos en explorar el espacio. La respuesta es que lo llevamos escrito en el ADN. Fue nuestra curiosidad la que nos hizo salir de África y explorar el mundo entero, la que nos ha llevado hasta la cima del Everest y a las profundidades de los océanos. Hemos presenciado la salida de la Tierra vista desde la Luna, hemos visto puestas de Sol en Marte y hemos alcanzado a distinguir los límites mismos del universo observable. Anhelamos saber qué hay ahí fuera y poner a prueba los límites de lo posible.

Es muy probable que personas vivas en la actualidad presencien la primera misión humana a Marte, la primera vez que pisaremos otro planeta. Los niños de hoy serán los colonos marcianos del mañana y forjarán un nuevo camino para la humanidad a través del sistema solar. En las próximas décadas también es muy posible que los telescopios que estamos construyendo revelen pruebas concluyentes e innegables de que no estamos solos en el universo.

Para quienes piensan que la curiosidad por sí sola no es motivo suficiente para justificar todos estos esfuerzos, también hay un interés mucho más práctico. Si seguimos siendo una especie que se limita a un único planeta estaremos, por así decirlo, poniendo todos los huevos en la misma cesta: el planeta Tierra. Aventurarnos en el espacio es nuestra mejor opción para sobrevivir en el caso de que un asteroide perdido, una pandemia letal o una guerra nuclear amenacen nuestro futuro.

Al fin y al cabo, venimos del espacio. El calcio de nuestros huesos y el hierro de nuestra sangre se forjaron en el corazón de estrellas moribundas que estallaron y lanzaron sus materiales al espacio en forma de una potentísima supernova. De modo que, al adentrarnos en el espacio, tan solo estaremos regresando a casa. Todos nuestros esfuerzos actuales en los campos de la astronomía y la exploración espacial nos están catapultando hacia la consecución de una presencia humana permanente en el espacio.

Así pues, hasta que el Big Rip eche el telón de forma definitiva en este universo, ojalá podamos seguir levantando la vista hacia el cielo y maravillarnos con el asombroso espectáculo que nos ofrece.

# Índice analítico

**UNIVERSO**

# Créditos de imágenes

Página 17: Foto del analema tomada en 1998-1999 desde la ventana de una de las oficinas de los laboratorios Bell, en Murray Hill, Nueva Jersey; J. Fisburn, en la versión inglesa de Wikipedia

Página 23: Perlas de Baily; Luc Viatour / https://Lucnix.be

Página 87: Eyección de masa coronal del 2016; NASA

Página 113: El astronauta estadounidense Buzz Aldrin; NASA

Página 129: Cometa 67P; ESA / Rosetta / NAVCAM

Página 137: Los anillos de Saturno fotografiados por la cámara de gran angular de la sonda *Cassini*; NASA / JPL / Space Science Institute

Página 150: Diagrama de predicciones orbitales creado con la aplicación Worldwide Telescope; Caltech / R. Hurt (IPAC)

Página 174: Nebulosa del Cangrejo; NASA / STScl / ESA

Página 220: AMS-02; NASA

Página 256: Fondo cósmico de microondas; equipo científico de la sonda WMAP / NASA

Página 280: Explosión de una supernova de tipo Ia; NASA / ESA / HUBBLE / HIGH-Z Supernova Search Team